京の酒学

吉田元

臨川選書 33

目次

まえがき

京都では全国に先がけて大学共同利用機関、「大学コンソーシアム京都」が設立された。各大学がそれぞれ得意とする分野の講義をコンソーシアムに提供し、学生は関心のある他大学の講義を自由に聴講できるという、まことに魅力的な制度である。コンソーシアムは京都駅のすぐ北側、いたって交通便利な場所にある。

京都一のミニ大学である勤務先の種智院大学からは、専門の密教学の他に「京都学」の一環として、「京都酒学」を提供することになり、理系なのに「密教の大学で酒の歴史を研究している変わった先生」と言われてきた私が、技術、歴史、販売など、京都酒のすべてについて述べる講義を企画した。

しかし、一人で全分野を担当するのは苦しい。そこで、伏見酒については、国立民族学博物館の研究会などで大変お世話になってきた月桂冠の栗山一秀さんにお願いして講義に来ていただくことにした。

「酒学」などというタイトルで果たして聴講希望者がいるだろうかと、おそるおそる蓋を開けてみたが大変な人気で、多数の申込者をお断りしなければならない事態になった。夜遅い時間帯にもかかわらず大教室は熱心な受講者でいっぱいになり、とてもうれしかった。

京都酒に関するまとまった研究はそれまでほとんどなかったことが高い関心をよんだのだろう。手がける人が誰もいないなら、いずれ一冊の本にまとめてみたいと、二〇〇二年度の開講当時から考えていた。しかし、その後私の関心は他のテーマに移り、また定年退職後は川崎市へ転居したこともあって、せっかく集めていた地元紙の記事などの文献も大部分整理してしまった。

さいわい手元には講義録が残っており、それに加筆したものをこの度『京の酒学』として臨川書店から刊行していただけることになった。散逸した文献も集め直した。栗山さんをはじめ、京都在住中にお世話になった多くの方々、また京都の酒に関心を持つ方々にお読みいただければ、まことにさいわいである。歴史、技術、文化など、京都酒のすべてを網羅した本を世に送り出すことができたことを心から感謝している。

著者しるす

第一章　酒のはじまり

京都の酒

延暦十三年（七九四）の平安京遷都以来、京都の歴史は日本の歴史そのものであったし、酒も都の酒として日本一の品質を誇ってきた。京都酒がその全盛期を迎えるのは室町時代の初期である。応永二十六年（一四一九）、市内には実に三百軒を超える造り酒屋があり、狂言「餅酒」にもあるように、地方で暮らす人々にとって都の酒は憧れの的だった。また五条西洞院の酒屋がつくっていた「柳酒」は、日本で最初に酒銘をつけた酒であり、京都酒の先進性はきわだっていた。

しかし応仁の乱（一四六七）によって京都の町は荒廃し、酒屋の数も激減し、代わってかつては「田舎酒」と蔑まれた地方酒が流入してきた。さらに江戸時代に入ると、池田、伊丹、灘など関西の新興生産地で大量生産され、品質のすぐれた酒が、百万都市の江戸ばかりか京都でももてはやされるようになった。京都酒は、以後長い衰退の時代が続いた。かつて都だっただけに、単なる田舎にまで落ちぶれきれなかった点が京都のつらいところだった。

保守的で進取の気風がないというべきか、旧市内では、昔からの小さな地盤をたくさんの小酒屋が分け合う状況に安住して大きな発展はなく、ジリ貧となっていった。さらに明治以降は、同じ京都でも伏見の酒造業が飛躍的に発展し、日本有数の大生産地にまでなったから、その対照はきわだっていた。しかし、旧市内においても、一旦途絶えた酒づくりを現代に復活させる試みがあって、前途にかすかな明るさを感じさせる。

日本酒業界全体も、高度成長期には需要に応じきれず増産に次ぐ増産であったが、その後生活の洋風化にともなった嗜好の変化にうまく対応できず、年々生産量の減少が続き、停滞状態であった。気がついてみれば、需要は半減していたという状況にまで追いつめられていた。

しかし最近、和食ブームのおかげで日本酒も見直されつつあり、業界でもさまざまな意欲的な試みが進められている。本書では日本全体の動きなども織り込みつつ、京都酒の歴史と文化をたどっていくことにしたい。

まず酒そのものの歴史についてざっと見ていこう。

さまざまな酒

酒とは何だろうか。数十年前までの日本で「酒」といえば、それはもちろん米を原料にした「日本酒」のことを指していたのだが、今日では醸造酒だけでも発泡酒、ビール、ワインが、蒸留酒にはウイスキーや焼酎など実にさまざまな酒があって、選択に迷うくらいである。エチルアルコール（以下アルコールと略）を含み、飲めば酔う、さまざまな「致酔性飲料」のすべてが酒となるわけだが、現行酒税法では「酒類」の定義はアルコール度数一パーセント以上となっている。したがってこれより低いものは、法的には酒ではない。

世界各地では、さまざまな酒がつくられてきた。ブドウやハチミツなどは糖類を多く含むので、自然界に広く棲息している野生酵母が増殖すると、酵母のアルコール発酵によって糖からアルコールが生成し、簡単に酒となる。人間がつくりだした最初の酒は、ワインあるいはミード（mead ハチミツ酒）など、こうした糖を原料とするものだったと考えられる。

糖分の酒

(一)　果実酒

酒づくりにもっとも適した果実は、ブドウだろう。完熟させたブドウの果実はブドウ糖、果糖などを含んでいて、糖度は約二十五度にも達する。この糖分がすべてアルコールに変換されると、アルコール約十二パーセントのワインとなる。

ブドウ（学名 *Vitis vinifera*）の原産地は、ロシア南部のコーカサス地方といわれている。野生のブドウは、本来森林の林縁部などに育つつる性の植物であったらしい。温暖で乾燥した気候を好み、やがてメソポタミアから地中海周辺部において人の手で広く栽培されるようになった。ブドウ栽培はローマ帝国の版図拡大と共に広がったが、その北限はドイツ南部あたりである。ブドウからワインがつくられる地中海沿岸地域を「ワイン圏」とよぶ。

ブドウはヨーロッパ人が発見した新大陸アメリカにも自生していた（学名 *Vitis labrusca*）。しかし

「デラウェア」や「コンコード」など新大陸産の品種でつくったワインは、「狐臭《こしゅう》」とよばれる独特のにおいがあって、あまり好まれない。これは名前から想像される動物臭ではなく、ブドウジュースのような華やかな香りであるが、香りが強すぎるのはワインにはふさわしくないのである。

現在ヨーロッパブドウの栽培地域は、中央アジア、中国北部、南アメリカからオーストラリアにまで広がっている。日本にも古くからブドウは存在した。ヨーロッパブドウの系統だが、その用途はワインではなく、ほとんどが生食用だった。山梨県に自生し、その後改良された品種「甲州」は、生食用にもワイン用にも向くが、これなどはむしろ例外的存在である。

日本は温暖な気候であるが、ヨーロッパとちがって降水量が多いのでワイン用ブドウの栽培はむずかしく、補糖（ブドウ糖を添加する）をしなければ、よいワインはできないと長い間考えられてきた。

リンゴはブドウに比べて糖度が低いことから、アルコール度数の低い酒しかできないが、これも酒の原料になる。ヨーロッパでは、北フランス、ドイツ、イギリスなどで、日本でも青森県や長野県の一部でシードル（cider リンゴ酒）がつくられている。細かい泡が立つ軽い酒である。

その他の果実類もほとんどが酒の原料になりうる。ちなみに日本で古くから親しまれている梅酒は、梅の実をアルコールに浸漬してつくるもので、リキュール（混成酒）の一種である。

㈡ 蜜酒

果実ではないが、ヤシの花芽には甘い液が含まれており、これを原料にしたヤシ酒も東南アジアの一部でつくられている。また北欧やロシアの一部では、ミツバチが集めたハチミツをうすめてアルコール発酵させるミードとよばれる蜜酒がつくられた。

(三)　乳酒

酒の原料は植物性のものに限らない。家畜の乳にはあまり甘味が感じられないが、数パーセントの乳糖（ラクトース）が含まれているので、アルコール発酵させれば薄い酒ができる。乳酒は古くから中央アジアの遊牧地帯にあり、ウシ、ラクダなど、ほ乳類の乳はどれも原料になるが、有名なのはモンゴルの馬乳酒である。馬乳が原料に使用される理由は、脂肪、タンパク質の含量が少ないので、バターやチーズづくりには向かないということらしい。私も昔モンゴルのゲルで一度飲ませてもらったことがあるが、アルコール度数は低く、酒というより、非常に酸っぱいヨーグルトという感じだった。

でんぷんの酒

でんぷんはイネ、ムギ、アワ、ヒエなどさまざまな穀物種子の胚乳部に含まれるから、これを利用して酒をつくることができる。ヨーロッパでもブドウが実らないドイツ北部やイギリスでは、大麦を原料にビールがつくられている。ビールのはじまりは古代メソポタミア、エジプトとされるが、今日では世界中で工業的規模の生産が行なわれている。

日本、朝鮮半島、中国など、東アジアでは、米を原料にする酒が数多くある。アジアの熱帯が原産地の野生イネは、水辺、沼地などの低湿地を好む植物であるから、やがて水の便のよい水田で栽培されるようになった。日本酒は米からつくられるが、なぜ米が原料に選ばれたのだろうか。米は単位面積当たりの収穫量が多く、また収穫後の脱穀、精米、調理がきわめて容易であり、麦やその他雑穀に比べてずっと扱いやすいからであろう。

アワ、ヒエ、コーリャン（高粱）、トウモロコシなど雑穀からも、酒はつくられ、アフリカやアジアにいくつかの事例がある。

その他でんぷんを含む植物にはイモ類があり、サツマイモ、ジャガイモを原料にした蒸留酒の焼酎は、日本でも広くつくられている。しかしイモ類はかさばる上に水分含量が高く腐敗しやすいという欠点があるので、切干しイモにするか、精製してでんぷんにした方が扱いやすい。

またかつて奄美諸島では、ソテツの実や幹からでんぷんを採取して酒をつくったこともあったが、本来ソテツは有毒な植物であり、毒抜きする手間は大変だった。

さてでんぷんは、ブドウ糖が鎖状につながった巨大な分子構造をしているが、アルコール発酵を行なう酵母は、このままでは利用することはできない。そこででんぷんをブドウ糖にまで分解する操作が必要となってくる。これを「糖化」といい、アミラーゼという酵素（化学反応を手助けするタンパク質）が関与する。アミラーゼが含まれるのは、人間の唾液、麦芽（大麦を暗い場所で発芽させたモヤシ）、コウジカビなどである。そこででんぷんを原料とする酒は、糖化法のちがいによって、「口嚙み酒」、「モヤシ利用の酒」、「カビ利用の酒」の三つに分けることができる。

「口噛み酒」は現代では南米の一部を除いてほとんどつくられることはないが、かつては琉球列島や北海道の一部でもつくられていた。これはいわば人間が酵素製造機になるわけだから、手間が大変だし、大量に製造するわけにはいかない。また衛生上の懸念もある。

「モヤシ利用の酒」、モヤシ、つまり穀物種子を暗所で発芽させた際にできる芽のアミラーゼによってでんぷんを糖化するものである。モヤシ酒をつくるのは、ヨーロッパ、アフリカからインドの東、バングラデシュあたりまでの比較的乾燥した、大麦や小麦の栽培に適した気候の地域である。ビールもウイスキーもでんぷん糖化に大麦麦芽を使用している。

最後の「カビ利用の酒」をつくるのは、アジアではインドの東、バングラデシュあたりから日本まで、夏に多量の雨が降る、いわゆる「モンスーン地帯」に属する地域である。すべてを気候風土のちがいに帰するわけではないが、湿潤でカビがよく生育する気候は「カビ利用の酒」に適している。

モヤシ利用の酒とカビ利用の酒、いずれが先に出現したかについては、従来さまざまな議論が行なわれてきた。大麦同様にイネのモヤシをつくって糖化ができないだろうか。ところがイネモヤシアミラーゼの酵素力価を測定してみると、非常に低く、糖化は進まない。そこで人間がイネモヤシで糖化しようとしている時、たまたまコウジカビが侵入してきて増殖し、そのアミラーゼによってでんぷん糖化、さらにアルコール発酵へと進み、酒ができた。後にカビだけで糖化するようになったという説も生まれたが、いささか無理があるのではという気もする。

麹

麹《こうじ》（麯《きょく》）は、蒸した米、餅、レンガ状に固めた生小麦粉などの表面にカビを増殖させたもので、その目的はでんぷんを糖化することである。ここでカビの種類はいくつかあり、日本ではコウジカビ（学名 *Aspergillus oryzae*）というカビが、中国から東南アジアにかけては主にクモノスカビ（学名 *Rhizopus*）が使用されてきた。

麹は形状によって、「撒麹《さんきく》」または「ばら麹」とよばれるタイプと、「餅麹《へいきく》」あるいは「もち麹」とよばれるタイプに分類される。日本の麹は、蒸した粳米《うるち》の表面にコウジカビを増殖させた撒麹であるが、世界的に見れば少数派である。一方餅麹は中国から東南アジアにかけて広く分布している。

二十世紀初め頃の中国東北部には、「踏麯団《とうきょくだん》」という仕事集団があった。親方が十二、三歳の少年たち三十人くらいを引き連れて高粱酒の造り酒屋をまわり、麹づくりを請け負うのである。生の小麦粉を練ったものを木の型枠に入れ、サッカーの練習のように円陣をつくった少年たちが、足で踏んでこね、よくこねたら型枠を次の人にパスする。一巡したら、型枠から取り出して細い木の枝二本の上に渡し、麹室中で自然乾燥させる。麹は一度に一年分数千個をまとめてつくっておき、仕込みの際麹を砕いて加える。子どもを使う理由は、足がちょうど型枠に入るくらいの大きさだからである。

麹を使って酒をつくる際、餅麹は最初にまとめてつくって貯蔵しておき、仕込みの時に砕いて醪《もろみ》に加えればよいから楽である。一方撒麹の場合は、酒を仕込む都度用意しなければならず、また出来上がるまでは寝る間も惜しんで細かな手入れをしなければならない。日本酒づくりで麹はもっとも重要な工程とされるが、職人気質向きの仕事なのだろうか。

酒の他、醤油、味噌、酢など、日本のほとんどの発酵食品に使用される麹についてもう少し説明しておこう。平安時代の辞書である『和《わ》名類聚抄《みようるいじゆうしよう》』（九三一―九三八）によれば、「麹」の漢音は「きく」、日本語は「加無太知《かむたち》」であり、カビが生えることを意味する「かびたつ」に由来しているという。

また江戸時代の百科事典である『和《わ》漢三才図会《かんさんさいずえ》』（一七一二）には、麹のつくり方がくわしく述べられている。それによると、「およそ酒、味噌、醤油、香の物など皆麹を用いて成る。但し米麹を用い、麦麹を用いず。米麹をつくる法は、精米《しらげ》一斗を水に漬すこと一晩、強飯《こわめし》に蒸し、広げて乾燥し、やや温かな時に篩い、飯粒と糵（げつ もやし）を分離する。糵は深青黄の麹塵《こうじばな》を用い、笹の葉の灰少しばかりをまぜる。窨室《むろ》の中で槽《ふね》に収め、これを圧し固めて薦《こも》で覆う。辰の時より申の時まで、これを捜《さ》がすこと二度ばかり、だいたい衣を生ずるのを待ってまた板の盤に盛り、窨《むろ》の中の棚にならべる。これをねさすという。二日一夜ばかりで殖え、白衣を生じ、白麹と名付ける。米を真精《しらげ》ないものは、麹が青黄色で、美なりといえども風味は佳くない。多く殖えるので賤《やす》い。[1]」

麹のつくり方がよく理解できる説明である。ここで米麹を用い、麦麹は用いずとある。その理由は麦麹はなかなかつくりにくいからで、今日でも麹まで麦を使用する「麦百パーセントの麦焼酎」はセールスポイントになる。

麹は「麹蓋《こうじぶた》」という浅い容器に広げた蒸した粳米（蒸米）の表面に種麹、すなわちコウジカビの胞子をふりかけ、「麹室《こうじむろ》」という保温された小部屋中でつくる。やがてコウジカビが増殖してくると、蒸米の表面から内部に菌糸を伸ばしていく。途中何度も蒸米を手で切り替えしたり、容器を積み替えたり、細かな手入れをして、均一に生育するようにする。

麹＝酒づくりのイメージが強かった昔は、酒の密造取締りがきびしく、麹を入手するのもなかなか大変だった。しかし最近は塩麹ブームで麹の実物を目にする機会も多くなった。

米のでんぷんはコウジカビのアミラーゼによって、順に切り離されてブドウ糖へと変換される。でんぷんは次に酵母によるアルコール発酵を受け、アルコールが生成する。

イネの学名は *Oryza sativa* であるが、コウジカビの学名 *Aspergillus oryzae* もこれに由来し、稲わら、蒸米などの表面に好んで生育するカビである。長年稲作が続けられてきた日本では、こうした環境に生育するカビが酒、醤油、味噌づくりに用いられてきたのは、当然かもしれない。

俗に「種麹」とか「もやし」とよばれるコウジカビの胞子を、蒸米にふりかけ、温度を一定にした恒温室中に置いておくと、どんどん増殖してくる。最初のうち菌糸は白っぽく、ちょうどモヤシのように見えるので、昔はこれを「よねのもやし」とも言った。さらに色が濃くなってきて、黄緑色のいわゆる「麹色」になるが、「麹塵《きくじん》」とはこの色を指している。天皇が臨時祭、賭弓などの儀式の際に着用する「麹塵の袍《ほう》」という袍（上着）など、麹色は高貴な人にだけ許された色なのである。前述のように、酒蔵には麹をつくる麹室がかならずある。酒は天皇即位の大嘗祭の際もつくられるが、麹室は別の棟が建てられ、保温をはかるため塗壁構造になっている。

醸造酒と蒸留酒

果実や穀物を原料とし、酵母によってアルコール発酵させた後、そのままあるいはろ過、精製して飲む酒が「醸造酒」である。酵母はアルコール耐性がある生物であるが、いくら濃くても平気というわけではなく、酒のアルコール度数は二十二パーセント程度が上限になってくる。ちなみに日本酒の原酒は二十パーセント程度もあって、世界の醸造酒中もっとも高い。

しかし昔から人間は、より強い酒、すぐに酔える酒を求めてきた。水とアルコールが混じった溶液を加熱すると、アルコールの沸点は水よりも低いから、先に沸騰、蒸発する。このアルコール蒸気を冷却、凝縮すると、アルコール度数がより高くなった液が得られる。こうした操作を何回も繰り返せば、アルコール度数は上がっていく。蒸留法の起源についてはさまざまな説があるが、アラビア人が発明したとされ、その後中国を経て日本には十六世紀半ば以降に伝来したとされる。こうして人間はより強い酒を手に入れることができたのである。

蒸留によって得られた強い酒は、腐敗しにくいから長期間保存ができ、また傷口の消毒用として、薬の溶剤としても使用できる。日本では戦国時代の末頃九州に蒸留酒の製法が伝えられたとされる。「粕取焼酎《かすとりしょうちゅう》」は、かつて日本の清酒酒屋で広くつくられていた蒸留酒である。日本酒の醪を搾った後の酒粕には、まだかなりのアルコール分が含まれているので、蒸留して回収すれば、副産物として粕取焼酎ができる。また焼酎を清酒の醪に少し加えることで、酒質を強化し、腐敗を防止することができる。

日本で古くから蒸留器として使われてきたのは、米を蒸す蒸籠《せいろう》の上部に冷却水を載せた「蒸籠式蒸留器」である。ウイスキーやブランデー工場では、大きな銅製の単式蒸留器（ポットスチル）が使用される。十九世紀の中頃にアイルランドのコフィーが、醪を連続的に送り込み、連続的に流出液を取り出せる「連続式蒸留機」を発明して特許を取得した。そのためこれを「パテントスチル」ともよぶ。この連続式蒸留機を使用すれば、悪酔いの原因とされる、いわゆるフーゼル油を含まない、アルコールに近い淡麗な蒸留酒ができる。

イモ、米、麦、糖蜜その他、アルコール発酵の原料になるものであれば、いずれも焼酎の原料として使用可能である。今日日本では、実にさまざまな種類の焼酎がつくられている。

かつては、連続式蒸留機で蒸留する焼酎を「焼酎甲類」、単式蒸留器で蒸留する焼酎を「焼酎乙類」とよんだが、これは甲が乙よりもすぐれているという意味ではない。そこで最近では乙類を「本格焼酎」とよぶことが定着した。また減圧蒸留といって、圧力を下げて比較的低温で蒸留し、すっきりした味の焼酎をつくることも可能である。
日本人は遺伝的にアルコールに弱い体質の人が多いこともあって、欧米のように蒸留酒をストレートで飲むことはあまり普及しなかった。ウイスキーも和食に合う「水割り」が普及し、焼酎も大抵水や湯で割ってから飲んでいる。

日本酒の特徴として挙げられるのは、米を原料にすること、コウジカビによるでんぷん糖化を行なうことである。同じ米を原料にする醸造酒として、中国には紹興酒がある。浙江省紹興県の特産なのでこの名前がある。こちらは、米も粳米ではなく糯米《もちごめ》を、またでんぷんを糖化するカビもクモノスカビを使用している。水と油という言葉があるけれども、香りがうすく淡麗な日本酒は水、一方香りが強く、濃厚な色の紹興酒は油だろうか。日本酒は何よりも新鮮であることが好まれ、製造後おおむね一年以内に消費されてしまう。しかし長期間熟成させると、色が濃くなり、古酒香《こしゅか》という香りもついて、紹興酒に似てくるのである。江戸時代に入ると、江戸っ子はつくりたての新酒を好むようになったが、戦国時代の末頃までの人々は長期間熟成させた古酒を珍重し、高値で取引していたのである。酒の嗜好はこの間に大きく変化したようである。

但し日本酒も紹興酒も「燗」、つまり加温してから飲む習慣は共通していて、これは長く続いた。燗をした酒は別の銘柄かと思うくらい味と香りが変化するが、燗の世界もまた奥が深いものである。

また「掛け」あるいは「添《そえ》」と称して、蒸した米、麹、水を何回かに分けて加え、次第に培養の規模を拡大していく技法も日本、中国共に行なわれている。掛けの起源はいつ頃まで遡れるのか、現在まで残されている文献資料は多くないが、酒の起源と発展、分化の歴史は、まことに興味深い研究テーマである。

日本酒の技術

米を原料にする日本酒は、きわめて複雑な工程を経てつくられるため、その仕組みを一度で理解することはなかなかむずかしいと思う。本書は日本酒を中心に述べるので、最初にその技術と特性について簡単に述べておきたい[2]（図1-1）。

昔から日本酒業界では、「一麹《いちこうじ》二《に》酛《もと》三造《さんつく》り」という言葉がある。酒づくりの工程はこの順で大事であるという意味だが、順番に説明しよう。

(一) 麹

前述のようにでんぷんはブドウ糖分子が連結された長い鎖状をしているが、でんぷんを原料に酒をつくろうとすると、そのままでは酵母はでんぷんをアルコール発酵することができない。そこでブドウ糖を順に切り離していく「糖化作用」が必要になってくる。これを行なう酵素がアミラーゼである。

日本酒の麹は蒸した粳米の表面にコウジカビを生育させたものであり、製造にはきわめて神経を使い、手間ひまをかけてつくられている。

(二) 酛

酛《もと》は文字通り酒づくりの元になるものである。糖化を行なうのは、コウジカビ、アルコール発酵を行なうのは酵母であるが、コウジカビがでんぷんを糖化、ブドウ糖が生成してくると、次に酵母が桶の中で増殖してブドウ糖をアルコール発酵する。これを日本酒の「並行複発酵」といい、きわめて効率よく、糖化と発酵が進んでいく。

これに対しワインなどは「単発酵」である。ワインの場合、アルコール発酵は野生酵母がブドウの果皮に付着しているので、わざわざ酵母を増殖させなくともよい。しかし、日本酒の場合は、酵母の増殖に適した条件にもっていくまでに手間がかかる。

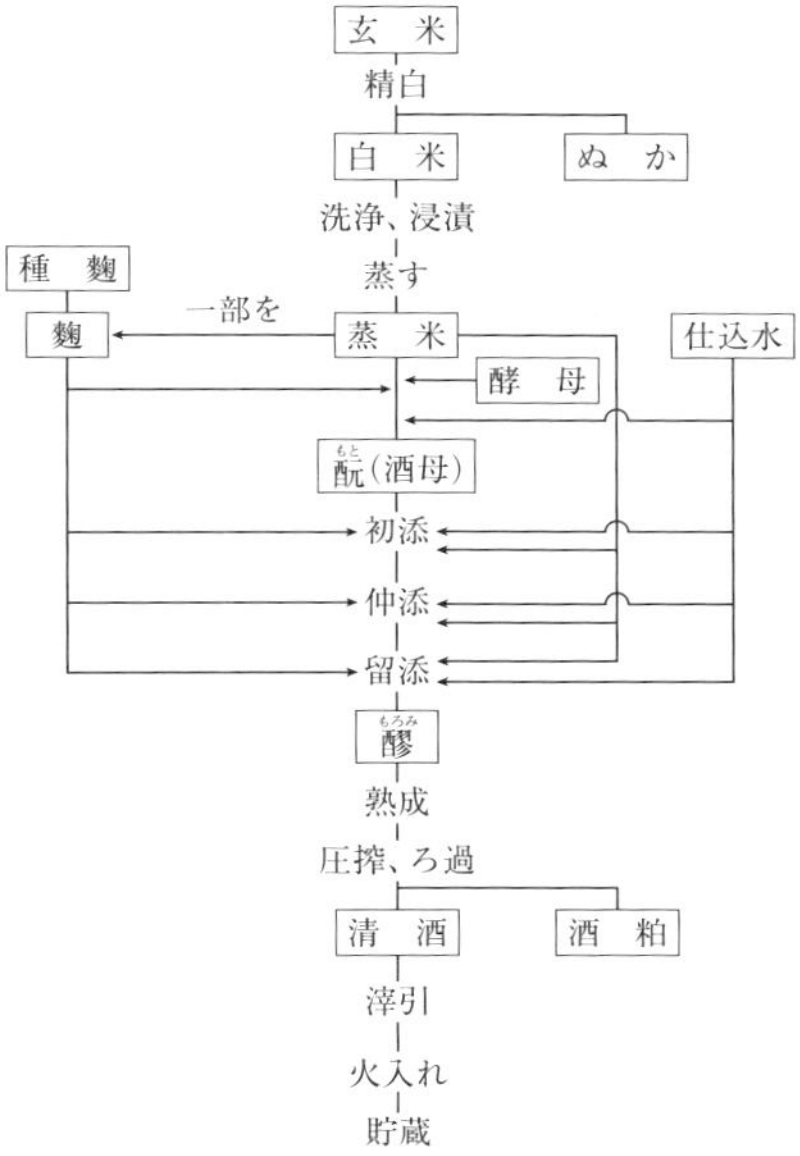

図１－１　日本酒の製造工程（吉田 元、2013）

酛とは小さな酛桶の中で、酵母だけを選択的に増殖させるものであるが、そのためには条件を整えてやる必要がある。酵母は細菌とちがって弱酸性の条件下でも増殖できる。そこで伝統的な「生酛《きもと》づくり」では、「半切《はんぎり》」とよばれる浅いたらい状の桶中で蒸米、麹を櫂で摺りつぶし（「酛摺り」）、まず乳酸菌を増殖させる。こうすれば乳酸菌のつくる乳酸によって他の雑菌は淘汰され、酸に強い酵母だけを選択的に増殖させることが可能である。但し生酛づくりは熟練が必要でむずかしいから、明治時代の末になって、手間のかかる酛摺り工程を省略した「山卸廃止酛《やまおろしはいしもと》（山廃酛）」が、次いで市販乳酸、別に培養しておいた酵母を加える「速醸酛《そくじようもと》」が発明された。その後酛の主流は安全確実にできる速醸酛となっている。

㈢ 造り

こうして酛ができ上がると、そこに原料の蒸米、麹、水を数回に分けて加え、培養の規模を拡大していく。この工程を「添」あるいは「掛け」といい、ふつう「元添」、「仲添」、「留添」の三回である。一度に全部加えてしまわない理由は、酸が薄まらないように、また加えた栄養源を酵母が全部喰い終わってから次を加えるためである。現在の添はふつう三回だが、そうなったのは戦国時代の末頃で、それ以前には添二回というのもあるし、小規模仕込みの濁酒などは、「どぶろく仕込み」といって一度に原料をすべて加える。

固体である蒸米、麹と、液体の水がまじった状態を「醪」といい、この状態はまだ「濁醪《だくろう》」で濁っている。醪を布袋に入れ、垂れてくる液を集め、さらに袋に圧力をかけて搾り、酒粕を分離する工程を「上槽《じようそう》」とか「搾《しぼ》り」という。澄んだ酒を集めて桶に入れ、しばらく静置して「滓《おり》」とよばれる沈殿を取り除いたものが「清酒」である。

この清酒を摂氏六十度位の低温で加熱する。これを「火入れ」という。火入れの目的は、まだ活性を有している酵素の働きを止めること、腐敗のもとになる雑菌を殺菌することにある。かつては旧暦の五月中頃から、ふつう三回行なわれてきた。それで完全かというとそう簡単ではない。日本酒は大変腐敗しやすく、火入れを行なってもしばしば失敗があり、長期間保存するのがむずかしい酒だった。

こうして冬につくられ、夏を越した酒を「冷やおろし」というが、搾った当初の荒々しい味が消え、調和のとれたまろやかな味となって、この頃が一番飲み頃となる。

明治以来酒造技術者たちが指向してきたことは、まず酛づくりを確実にするための速醸酛の導入、次いで空調設備の導入によって一年中酒づくりを可能とする四季醸造化であった。また高度成長期以降は、いちばん手間のかかる麹づくりの工程も、連続式蒸米機や自動製麹機《せいきくき》の導入によって自動化が進んだ。

酒の色、味、香り

酒の鑑定官が酒を評価する場合、試料を紺色の蛇の目を描いた白磁製の「唎き猪口」に入れてまず色を見る。醪を搾ったばかりの清酒は、きれいなコハク色から山吹色をしており、また発泡酒のようにガスも含んでいるが、今日では大抵活性炭を加えてろ過するので、ほとんど水のように無色透明である。日本酒に色がないことは、濃淡さまざまな美しい赤と白、さらにはロゼまで揃ったワインに比べて選ぶ楽しみが少なく、不利である。そこで何とか華やかな色を付けようと、紅麹菌《べにこうじきん》で真っ赤に着色した「赤い酒」がつくられたこともあるし、最近は紫色の古代米を原料に淡い色を酒につけようという試みもある。

酒を鑑定する際は、色、味、香りを見るが、一般人の我々が日本酒の味を表現する場合には、まず甘口か辛口かを問題にすることが多い。甘味の主体はほとんどが糖分だから、糖分が多いと酒の比重は増大する。日本酒業界ではふつう「日本酒度」という単位を用いている。簡単に言えば日本酒度プラスが辛口、マイナスが甘口である。この日本酒度を測定するには、「日本酒度浮秤《にほんしゅどふひょう》」というガラス製の浮きを酒の中に沈める。表面に目盛が刻まれていて、酒の比重が水よりも小さければ浮秤は浮き、大きければ沈んで日本酒度を示す仕組みになっている。

日本酒度は時代によってかなり変化してきており、たとえば昭和五十七年度に調査された全国の酒平均マイナス二・九一度が、平成四年度にはプラス〇・三度と、この時期大きく辛口に傾いている。現在はさらに辛口である。

ただし日本酒度が同じでも、含まれる酸の多少によって甘い辛いの感じ方は大きく変化する。日本酒の味と香りは、ワインほど大きなちがいはないが、それでも都道府県別の特徴がある。富山、兵庫、高知、熊本などは辛口、佐賀、長崎、愛媛などは甘口といえる。

その他、旨味や酸味の成分として酒の味に大きな影響を与えるのは、グリシン、アラニンなどのアミノ酸類、コハク酸など有機酸類である。

味に関する表現としては、こく、ごくみ、おし味、さばけがよい、さらっとした、あらい、くどい、などが用いられるが、これらはワイン評価の表現のように具体的な比喩は少なく、イメージしにくいように思われる。味覚を他人に言葉で説明することはむずかしい。相手が外国人の場合など、なおさらであろう。そこで酒のタイプをまず「濃醇甘口」、「濃醇辛口」、「淡麗甘口」、「淡麗辛口」に大別する人もある。人間の嗜好は時代と共に変化していくものだから、たとえば古文書をもとに江戸時代初期の味醂のような濃醇甘口酒を再現したものを味わっても、甘ったるくてとても飲めないし、逆に一時期流行した、水のように淡麗辛口の酒も、今になれば旨味に乏しいということになるだろう。

最近は吟醸酒ブームで、華やかな「吟醸香」がもてはやされているが、本来日本酒はワインに比べて香りに乏しい酒だった。果実のような芳香である吟醸香は酢酸イソアミル、カプロン酸エチルといった果実エステルの成分と同じものが中心である。

しかしワインとちがって、その他の香りはマイナス要因に挙げられることが多く、よい表現は少ない。香りではなく、臭い、それも悪臭である。たとえばムレ香（化合物名 イソバレルアルデヒド）、ツワリ香（ジアセチル）、古米酒臭（ジメチルスルフィド）といった具合に。日本酒の世界で香りに関する用語は、炭素臭、ゴム臭、金属臭など、そのほとんどが酒の欠点、それも製造工程における問題点を指摘するものである。味と香りを表現するには、もっと豊かな語彙があってもよいだろう。

本来酔うための酒であり、ワインとちがい昔は日本人にしか飲まれず、アジアの一ローカル酒にすぎなかった日本酒であるが、最近の和食ブームと共に海外でもそのよさを評価する人がふえてきた。京都には外国人が経営する日本酒バーまであり、外国人杜氏も活躍していて、彼らの方がよほど日本酒を深く理解している。

また日本人の嗜好も変化しつつある。果実のような香りの吟醸酒、伝統的辛口の灘酒、昔ながらの田舎風旨口酒、軽いリキュールのような日本酒まで揃っており、日本酒の味と香りも多様化しつつあるから、選ぶのが楽しい。

最近では、海外において現地産の米と水で生産される「日本酒」がふえてきた。製造コストが低廉であることが一番の理由だが、では日本酒の定義とは何かということになる。ごく最近、日本酒についてもシャンパンやスコッチ同様、地理的表示をつけようという動きが、国税庁を中心に出てきた。国産米と日本の水を原料に、国内で製造された酒のみが「日本酒」を名乗れるという、画期的なものである。そこまで考えていたとは正直予想していなかったので、私も驚いた。しかしそうなると、輸入バルクワインや濃縮ブドウ果汁を主原料につくられている「国産ワイン」などは困らないだろうか、とちょっと心配になる。もう昔のように、酒は安いほどよい時代は終わったようだ。今後の展開が楽しみである。

コラム

未来に向けて

高度成長期に大量生産、大量消費型となった日本酒業界だが、その後は長い低迷、減退期に入った。平成二十三年度の造石高は、昭和四十八年(一九七三)のおよそ半分になってしまった。毎年前年比九十パーセントの漸減状態とは、ふと気がつけば愕然とするほど減少しているものである。

かつては酒=日本酒だったが、今や日本人の酒とは発泡酒だろう。ここまで日本酒が衰退してしまった原因はいろいろ挙げられる。いわく、食生活の洋風化、人口の高齢化、車社会でのアルコール離れなど。たしかに日本酒は若者に敬遠されていて、その理由を尋ねると、強くて悪酔いするからというのが多い。醸造酒なのにアルコール度数が高いことは日本酒の長所だったが、今や短所となっているようだ。

もちろんメーカー、業界団体、官庁も需要の振興に努めていて、平成二十四年には「エンジョイ・ジャパニーズ・コクシュ」プロジェクトが発足した。「コクシュ」とは「國酒」である。日本酒の魅力をより広く認知してもらい、官民一体で輸出促進に取り組むことになった。具体的には国際的な酒類コンクールへの出品、外国人向け酒蔵ツアーの実施、さまざまな啓蒙活動などが含まれる。平成二十五年に和食が世界遺産に登録されたことも、日本酒にとって追い風になってきた。和食を食べる際に一度日本酒を試してみたいという外国人も多いのである。

日本酒に関心を持つ人はけっこう多く、酒蔵を見学して酒がどのようにしてつくられるか学び、売店で試飲、購入し、併設のレストランで食事をするといったツアーはどこも人気が高い。

昔は「日本酒の味は画一的で、どれを飲んでも同じだ」と言われたし、飲み手の方も何となく、名の通った大手銘柄の特級酒を選ぶ傾向があった。日本酒の欠点とは何だろうか。総じて甘味が強く、酸味と香りに乏しいことだろう。

またワインとちがって、色がないこともさびしい。しかし現在は伝統的な生酛づくりの辛口酒、低アルコール酒、ワインのような果実香と味の吟醸酒、発泡性「スパークリング・サケ」、日本酒カクテルなど、選択に迷うほど多種多様な日本酒が用意されている。こんなに恵まれた時代なのだから、自分の好みに合ったタイプを選べばよい。

さらに最近になって国税庁は、日本酒にも「地理的表示」をつける動きを進めている。ここまで進むとは予想していなかったので、正直、驚いたものである。

考えてみれば「日本酒」とは何なのか、その定義はなかったのである。酒税法の条文による分類は、「醸造酒」中の「清酒」であり、アルコール度数が二十二度未満、米、米こうじ、水を原料として発酵させ、漉したものである。外国産の米と水を原料にして、日本国外で醸造した酒は、「SAKE」とよぶべきであろう。スコッチウイスキーやボルドー・ワインのように国産米と水だけを原料に日本でつくられる酒を、「日本酒」として味わえる日が近そうである。

第二章　古代の酒

民族の酒・酒屋の酒

発酵学者の坂口謹一郎氏は、かつて古代日本の酒を「朝廷の酒」、「酒屋の酒」、「民族の酒」の三つに分類されたが[1]、このうち朝廷の酒については第三章において造酒司の酒を中心にくわしく述べる。酒屋の酒となるとほとんど資料がなく、これだけで一章にまとめるのはかなりむずかしい。したがって本章は民族の酒と酒屋の酒をまとめて述べることにする。

日本酒の原料は米、麹、水であるが、古代どのようにして酒がつくられていたのか。酒造技術には大いに興味をそそられるが、技術書はほとんど存在しない。『古事記』、『日本書紀』、『万葉集』、また最近の発掘調査の結果などをもとに、酒造法について考察してみたい。

古代の麹

麹についてもう少し考えてみたい。第一章で述べたように、でんぷんを糖化するためには必ず糖化剤を用いなければならないが、アジアの「照葉樹林文化圏」に属し、温暖湿潤な気候の日本はカビの生育にはきわめて適した気候であるから、古くからでんぷん糖化にはカビが用いられてきた。

麹というものを知らない人にはどう説明したらよいだろうか。江戸時代に来日したオランダ人は、日本の麹を「カビの生えた米」といったが、これがわかりやすい。もっとも生米ではなく、蒸した米の表面にコウジカビが増殖したものだから、正確には「カビの生えた飯」である。

八世紀はじめに成立した『播磨国風土記』には、宍粟郡《しそうぐん》庭音村《にわとむら》（現・兵庫県宍粟市一宮町）に関する記述中に、

大神《おほかみ》の御粮《おもの》、枯《か》れて生《び》えき。すなはち酒に醸さしめて庭酒《にわざけ》献《たてまつ》りて宴《うたげ》し給ひき。故《かれ》、庭酒《にわざけ》の村[2]といふ。

とある。「かれいい」は「かれいい（乾飯）」のことで、これがぬれてかびが生えたので酒を醸して宴会をしたという。

古語では麹のことを「かむたち」、あるいは「よねのもやし」という。『和名抄』では漢音は「きく」、和名「かむたち」は、「かびたち」、「かびたつ」に由来すると思われる。また「よねのもやし」とは稲の芽ではなく、コウジカビが生育しはじめたばかりの状態が白くふわふわしていて、ちょうどモヤシのように見えることから名づけられたものである。湿度の高い条件下では、飯にコウジカビが生えてくることは十分考えられ、日本の麹はこうした形ではじまったと思われる。

イネの学名は *Oryza sativa*、コウジカビの学名は *Aspergillus oryzae* で、このカビは稲わら、蒸米などに好んで生育する。顕微鏡で観察するとちょうど箒を立てたような形をしている。カトリックのミサでは、司祭が信徒に聖水をふり灌ぐ「灌水式《かんすいしき》」というものがあるが、その際用いる道具、Aspergillum に形が似ていることからつけられた名前といわれる。

コウジカビの分生子柄にはたくさんの分生子（胞子）が着生する。培養すると、増殖が早く、胞子はきわめて飛び散りやすく、他の菌を圧倒する勢いがある。

日本の造り酒屋には、保温された「麹室」という小部屋があって、ここで麹をつくった。「地室《じむろ》」とは地上部の、「岡室《おかむろ》」とは床上の部屋である。暖房設備が十分でなかった時代、板壁の間には籾殻などを詰めて保温をはかった。

また昔から麹屋、種麹屋《もやしや》という商売は、酒屋、味噌屋、醤油屋を相手にしてきた。種麹《もやし》はコウジカビの胞子を集めたものであり、種麹屋は紙袋入り、缶入りのものを市販している。種麹を「麹蓋」という浅い皿型容器中の蒸米に上からふりかけ、増殖させる。途中「切り返し」と称して何度も蒸米を手でひっくりかえし、また容器の場所を移動させる「積み替え」で均一に増殖するようにするが、日本の麹づくりは大変手間ひまがかかる。コウジカビの集落は、白からやがてくすんだ黄緑色になる。

アジアのカビ酒文化圏を見れば、蒸米の表面にコウジカビを生育させる「撒麹（さんきく ばらこうじ）」は、少数派に属している。「餅麹（へいきく もちこうじ）」といい、米を原料にまず餅をつくってその表面にカビを増殖させる、あるいは生の小麦粉を練って型枠に入れ、レンガ状のブロックをつくり、表面にカビを増殖させる。小麦粉の場合は薄黒いクモノスカビが生えてくる。中国の高粱酒の麹などは、こうした餅麹を用いる。カビの種類がことなる理由は、気候風土のちがいというよりも、麹の原料が蒸した米であればこれを好むコウジカビが、生の小麦粉であればクモノスカビが生えるからである。

撒麹と餅麹はどちらが便利だろうか。現在でも「一麹二酛三造り」という言葉が酒造業界にあるように、麹は日本酒づくりにおいて一番重要なプロセスである。しかし仕込みの都度、麹をつくらなければならず、きめ細かい手入れが要求される。一方餅麹は一度にまとめてつくっておけば、仕込みの際これを砕いて加えるだけでよいので簡単である。

麹は酒づくりにおいてきわめて重要だったから、天皇の即位式である大嘗祭の酒づくりにおいては、麹づくり用に壁を塗った「麹屋」という建物を別に建てる。一方麦芽で糖化した例は少ないが、和歌山県の国懸《くにかかす》神宮ではかつては神酒をつくり、酒造祭の中で十一月十一日に「御麹合祭」という儀式があった。そこに臭木灰《くさぎばい》、小麦モヤシ（小麦麦芽）、米などを揉み合わせて置くという記述がある。(3)

甑

古代人は米を食べる際に蒸したのか、あるいは煮たのか、いずれが先だったのか。これは日本食生活史研究において長く続いた論争だったが、一応蒸すが先、煮るが後とされている。しかし、佐原真氏が指摘するように、この説は再検討の余地があるだろう(4)。ふだんの日、つまり「ケの日」の粳米は煮て飯に、祭など特別の「ハレの日」には糯米を蒸した「おこわ（強飯）」を食べていた、両者は併存していたものと考える方がどうも自然である。

酒をつくって飲む日は、古代ではハレの日だが、もし米を煮て酒をつくっていたとすれば、日本の米は粳米でさえ粘り気が強くきわめて取扱いにくい。やはり蒸した米で酒をつくったと考えるべきだろう。

米を蒸すのに使用された道具が甑《こしき》である。五世紀頃から使用されたといわれる甑は、ふつう、竈《かまど》、釜子《かまこ》、甑の三点セットで使用される。竈で火を焚き、その上に置いた釜子で湯を沸かす。一番に上に置く甑は、小穴が開いた容器で、米をのせ、下から蒸気を送って蒸す。家庭用ご飯蒸し器の大きなものを想像すればよい。

『万葉集』山上憶良の「貧窮問答歌」には、

かまどには　火気《ほけ》吹き立てず　甑には　蜘蛛の巣かきて
飯炊《いひかし》く　ことも忘れて(5)

とあるが、当初陶器製だった甑は次第に木製にかわり、後には一度に一石の米も蒸すことのできる巨大な甑もあらわれた。『延喜式』（九二七）では「檜」の字に「コシキ」のルビがある。

醸造・運搬容器

陶器製の容器としては、甕（かめ、もたい）（瓫、なども書く）、瓱《みか》、壺《つぼ》（坩）などが用いられた。甕と瓱はいずれも大型の須恵器《すえき》と考えられる。それらの容量はどのくらいあったのだろうか。

中世の末頃までは、醸造容器、酒の貯蔵容器は陶器製の甕、瓱、壺などであった。しかしあまり大きくなると製作、輸送がむずかしくなるから、容量はせいぜい三石（現行枡では一石＝一八〇リットル、三石＝五四〇リットル）程度が上限になるだろう。現存する甕としては、奈良県天理市の石上《いそのかみ》神宮に展示されている須恵器の甕がある。高さ、胴回りがそれぞれ一メートルあり、石上神宮の酒殿跡から出土したと伝えられている。

『延喜式』神祇巻「践祚大嘗祭《せんそだいじょうさい》」(6)には、近畿、中国の各国でつくられた各種容器の数、容量が記載されているが、いずれもあまり大きなものはなかったようだ。いくつか挙げてみる。

和泉国　䑓笥《おけ》
　　　　由加《ゆか》
備前国　𤭯《さらけ》
　　　　瓫《ほとぎ》
三河国　等呂須伎《とろすき》
淡路国　瓫　一斗五升
　　　　比良加　一斗

坩《つぼ》　一斗

また神酒の場合は「みわ」という陶器の小さな器で酒をつくり、それを地面に突き刺して、神に捧げたという。「みわ」は奈良の三輪神社（大神神社）に由来する。また「いわいべ（忌瓮）」、「いづべ（厳瓮）」ともいう。底が尖っており、江戸時代になると「尻のすわらぬ壺」とか「行基焼」ともよばれた。

古代の祭祀は、榊《さかき》の枝に木綿《ゆう》（楮の皮をはぎ、繊維を蒸してさらし、細かく裂いて糸状にする）を掛け、忌瓮は地面に埋めた。

技術書

日本酒の通史においては、もちろん古代酒も取り上げられるが、いずれも記述が少ない。その理由は古代酒の資料、なかでも技術資料はとにかく少なく、実態がほとんどわからないことである。

日本酒は日本独自の技術によってつくられてきたものか、あるいは外国の影響を受けたものなのか。この点に関してさまざまな論争があり、日本列島において独自の発展をしてきたとする意見もあれば、中国大陸や朝鮮半島から大きな影響を受けた可能性を強調する意見もある。ただし起源論になると、研究者自身の国籍、ナショナリズムといったものが影響を及ぼし、自国技術の優位性を述べる傾向がある。

中国の酒造技術について述べた書物としてよく引用されるのは、次の三つである。まず六世紀北魏の賈思勰《かしきょう》による総合農書『斉民要術《せいみんようじゅつ》』巻七「醸酒」であるが、これは現在の華北山東省における酒造技術である。

大分時代が下って、朱翼中《しゅよくちゅう》著『北山酒経《ほくざんしゅけい》』（一一一七）は、北宋の時代、現在の浙江省における酒造技術について述べた書物である。本書はさまざまな中国の麹、酛のつくり方をくわしく述べており、なかでも「臥漿《がしょう》」といって小麦の粥を乳酸発酵させて、安全に酛をつくる技術は、後に奈良菩提山正暦寺において誕生した「菩提酛」という技術を連想させる。しかし、同じ米の酒といっても、麹にはさまざまな薬草が加えられ、また原料は糯米であり、酒も飲む前に長期間熟成させるなど、日本酒とはずいぶんちがった酒に思われる。また江南の地方酒に関する記述で中国酒のすべてを語るのは、いささか無理がある。

その後の南宋時代には、仏教僧をはじめ、かなりの数の知識人が両国間を往来したから、もし日本側の記録に『北山酒経』を参照して酒をつくったという記述でも見出されれば、日本酒の技術は中国酒の影響を受けていると断定できようが、そうした報告はない。

近世に入ってからは、明代の末頃に宋応星《そうおうせい》が著わした技術書、『天工開物《てんこうかいぶつ》』（一六三七）下巻の「醸造」が挙げられる。中国のさまざまな技術について述べ、多くの挿絵がある楽しい本である。本書は本家より江戸時代の日本においてよく読まれ、中国では明治以降に逆輸入の形で再発見された。しかし江戸時代まで来るとすでに日本独自の技術が確立されており、中国酒の影響はほとんどないと思われる。

いずれにせよ中国酒に関しても技術資料は少なすぎる。その影響について議論する前に、現場における仕込み記録などをもっと見たいものである。

木簡・正税帳

前述のように奈良・平安時代の「酒屋の酒」、「民族の酒」については、きわめて断片的な情報しか得られない。遺構から出土した木簡、税の収支表である『正税帳《しようぜいちよう》』をもとにまとめられた関根真隆氏の『奈良朝食生活の研究』(7)をもとに考えてみよう。

まずこの時代に清酒、すなわち澄み酒が存在していたかである。濁酒に対する清酒、浄酒という言葉があり、また醪を篩う絹や、あしぎぬもあったから、こうした布で醪を漉し、酒粕を取り除くことはあったと思われる。清酒に対する「濁酒《にごれるさけ》」や「糟交酒」も当然存在した。その他には粉酒と醴がある。醴は『和名類聚抄』によれば、音は「れい」、一方粉酒の和名は「こさけ」、「一日一宿也」とあって、一夜酒である。

後で述べるように、醴は『延喜式』「造酒司」においては、粉末の米からつくる粉酒とは区別されている。

また当時から新酒、古酒も区別されており、酒造容器の容量もある程度推測できる。

高市皇子の子であり、天武天皇の孫にあたる長屋王の邸宅は、平城京の南東にあたり、近年大規模な発掘調査が行なわれて多数の木簡が出土した。各地から送られた食物の荷札から、その豪華な食生活もうかがえる。
酒についても、邸宅内には酒をつくる酒殿があり、自家醸造を行なっていたようである。記述はまことに断片的であるが、大中小五個の「瓱」で酒をつくった際の蒸米、麹、水の原料配合比を示す木簡がある。(8)

平城京長屋王邸（平城第一九三次）出土。奈良時代　長さ四十・五センチ
大瓱米三石麹一石水□石
○次瓱米二石麹一石水二石二斗
○次瓱米一石麹八斗□瓱米□石／麹一石水□石二斗
○次瓱二石麹八斗水二石一斗
○少瓱米一石麹四斗水一石五升

ここで「次瓱」の容量四〇六―四三一リットル、「少瓱」は二〇六リットルと計算されているが、蒸米、麹、水、すべての容量が明らかな例は二つしかない。「次瓱」では麹歩合三割三分三厘、汲《くみ》水歩合《みずぶあい》は〇・七三と、かなり汲水は少ないが、「少瓱」では麹歩合四割、汲水歩合は一・〇七までのびている。二例のみであり、これを一般化して当時の酒すべてについて議論はできないが、この木簡によって民間酒の原料配合比率がはじめて明らかにされた意義は大きい。

また長屋王家が管理する酒店での酒の売り上げ記録もあり、同家は商業的な酒づくりも行なっていたようである。一升が一文で、計五斗の売り上げが記録されている。

酒殿

酒殿は酒を醸造する施設である。現存する奈良春日大社の酒殿は、平安時代貞観元年（八五九）の創建と伝えられ、国宝となっている。春日大社本殿のすぐ左側にあって、東西にのびた建物の壁は白壁、南側入り口には注連縄が張られ、屋根は檜皮《ひわだ》葺きとなっている。創建当時の姿ではないにしても、古代の酒づくりを偲ぶことは可能である。面白いのは屋根に自然の換気を促す換気口が設けられていることである。建物の内部に立ち入ることはできないが、内部構造は加藤百一氏によって報告されている(9)。

それによると、面積八十一平方メートル、内部は畳敷き、板の間、土間に分けられ、中央神棚には酒殿の神二座が祀られている。土間には高さ七十五センチ、口径五十センチの大甕が埋められているという。板の間で麹をつくり、土間の甕に酒を仕込んだものであろう。甕を土間に埋めることは、中世末頃までは広く行なわれていたと思われる。保温がよくなるし、甕がこの位の大きさなら、作業もしやすい。

戦国時代末頃からは、日本でも大型の木桶が使用されるようになる。江戸時代になると、高さ一・八メートルもある木桶が使用されるようになったが、これだけ大きくなると、土間に埋めるのはもちろん、中を洗うのも大変である。
その他現在も酒殿を所有する神社は、伊勢神宮、出雲大社などがある。

長岡京醸造所の発掘調査

最近奈良平城京や長岡京の発掘調査が進み、その都度現地説明会なども実施されてきた。著者も京都暮らしが長かったので、一九九三年の平城京造酒司、二〇一一年の長岡京醸造所発掘の現地説明会に参加することができたが、自分の目で酒蔵の遺構を見ることができ、まことに感慨深かった。長岡京は、七八四年から七九四年の平安京遷都まで、ごく短い期間の都であった。二〇一一年の冬から春にかけて長岡京埋蔵文化センターによって、醸造所遺構の発掘調査が行なわれ、著者は同年九月の現地説明会に参加することができた。

調査報告書によると、長岡京右京八条二坊七町の「掘立柱建物SB八八」は、東西が五間（一間＝一・八メートル）、南北が二間の建物であり、甕を埋めた穴が三列に並び、合計二十三個あった。建物は南側に突き出した廂があるが、その下には甕は据え付けられておらず、ここは作業場だったと思われる。穴からは須恵器の破片が多数出土した。甕は高さ一メートル、胴回り八十センチと、かなり大きなものと推定された[10]。

この建物が官営の造酒司ではなく、民間のものだったとすると、長岡京時代から民間でもかなりの規模で酒づくりは行なわれていたといえそうである。

これに先立つ一九八六年の発掘調査によって、この建物の西側にはより大規模な建物があったことが明らかになっている。木簡記録からもこのあたりには醸造関連の施設が集中していたと推定される。醸造用の良質な地下水に恵まれていて、今も大手メーカーのウイスキー、ビール工場があり、酒づくりに適した場所なのである。

第三章　造酒司の酒

平城京の造酒司

造酒司《みきのつかさ》とは、朝廷の諸行事の際に使用する酒、酢など醸造食品をつくる役所のことで、おそらく奈良朝以前から存在し、平城京、平安京の造酒司遺構については発掘調査も行なわれている。また平安時代の造酒司に関する文献資料は、『延喜式』巻四十「造酒司」が現存する唯一のものである。古代朝廷の酒に関する従来の議論は、いずれもこの『延喜式』を下敷きにしている。

奈良国立文化財研究所によって平城京造酒司の発掘調査が行なわれたのは一九九三年のことで、もう二十年以上前になる。当時酒の歴史研究をはじめたばかりの私も、ある新聞社からコメントを求められた。造酒司の遺構を訪れたのは六月のかなり暑い日で、西大寺駅から長い間あるいてようやくたどりついたことを思い出す。

はじめて間近に見る古代の酒造遺構は、甕を地面に埋めた穴の跡が整然と並んでおり、六角形の覆屋のあるくり抜き井戸や、そのまわりの石組み排水溝の大規模で立派なつくりに驚いた（**写真3－1**）。古代から中世末までの日本酒は、まだ木桶を使わずに、地面に埋めた甕や壺でつくられ

写真3－1　平城京造酒司の発掘（1993）

ていたことを改めて実感した。

その後も写真撮影のため何回か現地を訪れた。遺構の大部分は発掘調査後に埋め戻されたが、くり抜き井戸は復元され、説明図も展示されていて、いにしえの酒づくりを偲ぶことができる。

造酒司の遺構は、東西百メートル、南北一二五メートルと大規模なものである。水は酒づくりに必須であるが、このくり抜き井戸は、直径、長さそれぞれ一・四メートルもある杉材をくり抜いて埋め、まわりはバラスと方形のヒノキ板で囲われていて、一番外側には人頭大の石が丁寧に敷きつめてある。さらにここから石組みの排水溝がずっとのびている。井戸は六角形の屋根で覆われた、きわめて立派なつくりだったようである。

井戸の近くからは多数の瓦が出土している。

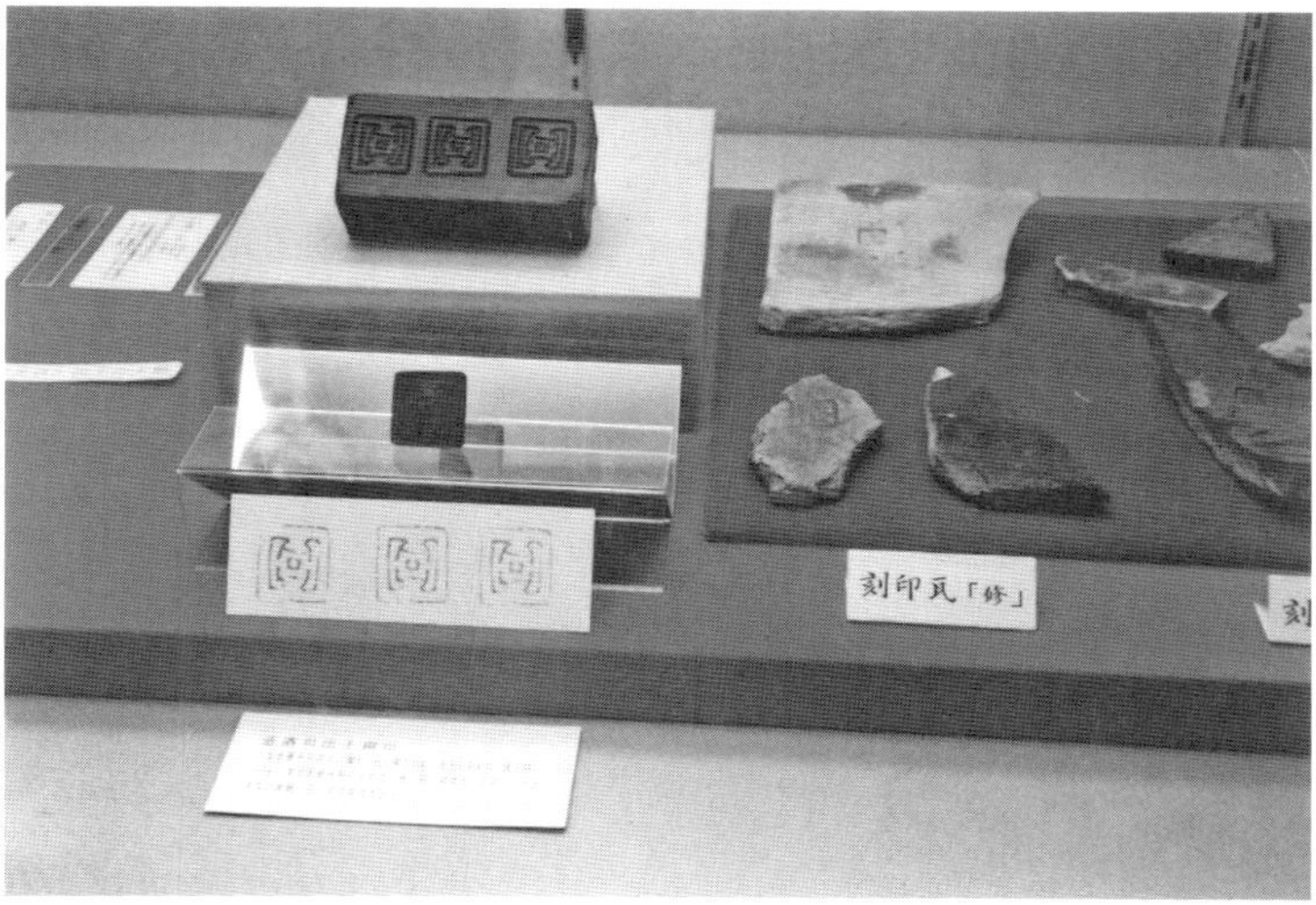

写真３－２　造酒司の銅印（1993）

造酒司の建物はおそらく瓦葺きで、深さ一―一・二メートルの甕または壺を埋めた穴が一棟あたり三十から四十もあり、大規模な酒づくりが行なわれていたことを裏付けている。

遺構からは銅印も出土した。一辺が約四センチ角、ローマ字Hのようなマークで、紙で酒甕の口を覆い、この銅印を押し、封をしたと思われる（**写真３－２**）。

遺構からは数多くの木簡も出土した。それらは造酒司から職員へのさまざまな通達、酒の請求、荷札、識別のために酒甕につけられた札などである。職員への通達には、宿直命令に従って必ず造酒司に出勤せよと命じたものもある。

木簡の文章から古代酒の内容を推測する手がかりはないだろうか。書かれた年月日、容量などが明記されていればよいのだが、残念ながらきわめて断片的である。まず付札木簡に「清酒中」とあるのは、濁酒に対する清酒（「すみさけ」あるいは「すめるさけ」）がすでに奈良時代から存在していた可能性を示唆する。

付札木簡には、「白酒《しろき》」ともある。白酒は後年の甘い白酒《しろざけ》ではなく、久佐木《くさぎ》灰を加える「黒酒《くろき》」と対で天皇即位の大嘗祭の際に用いられる酒であり、白酒・黒酒の製造は造酒司の仕事である。同じく表に「三石七斗二升」、裏に「神亀元年十一月十一日」とある付札木簡も注目される。神亀元年（七二四）は聖武天皇即位の年であるから、この付札はその折に大嘗祭で使用された可能性が考えられる。ちなみに奈良時代の一石は、後の時代の一石＝一八〇リットルよりもはるかに少なく、せいぜい八十三リットル程度と考えられている。

同じく付札木簡に「二條六瓱三石五斗九升」とあるのは、酒甕を縦横に並べる際、場所と容量を示すための木簡と考えられる。三石五斗九升は現在の三百リットル程度に相当するだろうが、運搬と取扱いの便を考えれば、陶器の甕の大きさはこの辺が限界だろう。「中酢」という付札も出土しているが、酒だけでなく、酢づくりも造酒司の仕事だった。「中」は酢の等級と考えられる。

また遺構近くの側溝からは、墨で「酒司」、「酒盃」と書かれた土師器や須恵器の破片も出土しているので、平城京造酒司がこのあたりにあったことはほぼ間違いないだろう。(1)

平安京の造酒司

平城京造酒司の遺構はよく保存されているが、京都という大都市がその上にある平安京の場合、

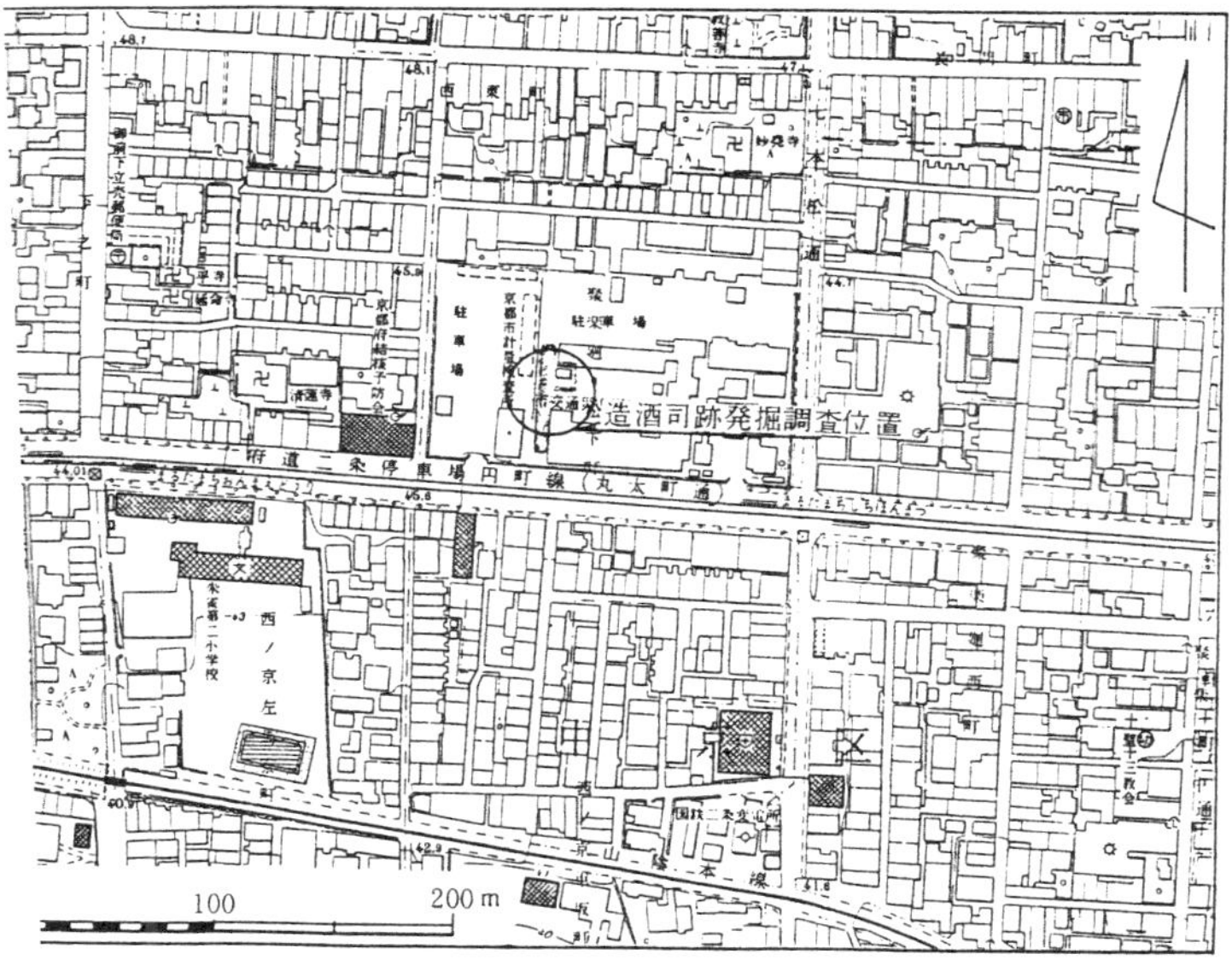

図３－１　造酒司跡発掘調査位置図

大規模な建て替え工事でも行なわれない限り、古代、中世の遺構を目にする機会はない。

平安京造酒司の所在地は、現・中京区千本丸太町西の京都市中央図書館付近とされ、大極殿の跡は現在小さな史跡公園となっている。造酒司の建物は、そのすぐ西側にあった。一辺が約一二〇メートルとされているが、その部分には現在建物が建っており、京都市埋蔵文化財研究所によって発掘調査が行なわれたのは、南西側のごく一部にすぎない（**図３－１**）。ここから造酒司の倉庫と思われる掘立柱の建物跡（東西六メートル、南北七・二メートル）が出土したが、醸造関係の施設は出土していない。出土品としては灰釉陶器皿と緑釉陶器碗などがある。[2][3]

また『令集解《りょうのしゅうげ》』（八六八）によれば、造酒司は宮内省に属し、その役目は、「酒を醸し、醴《れい》（甘酒、一夜酒）、酢の事を司り、運営する」ことであった。役人は正一人、佑一人、令使一人、酒部六十人、使部十二人、直丁一人の合計七十六人がいた。(4)実際に酒づくりを担当するのは酒部で、彼らは大和国に九十戸、河内国に七十戸合計百六十戸の「酒戸」出身者であった。調雑徭を免じられ、摂津国二十五戸のうち十戸は、宮中での饗宴の折には酌もした。以下『延喜式』巻四十「造酒司」の記述から、酒の製法について述べる。(5)

造酒司の酒殿に祀られている神は九座あり、二座が酒弥豆男神《さけのみつおのかみ》、酒弥豆女神《さけのみつめのかみ》の男女二座となっている。残りの四座は竈神、三座は大邑刀自《おおたわめ》、小邑刀自《こたわめ》、次邑刀自《つぎたわめ》の酒甕神となっている。造酒司でつくられていた酒はどんなものだったのだろうか。

造酒司でつくられた酒

(一) 御酒《ごしゅ》

御酒は、さまざまな節会において天皇の供御酒として使用される最高級酒である。その製法は俗に「酒八斗法」とよばれる。蒸米一石、麹（原文では「糵」げつ、「よねのもやし」「かむたち」のルビあり）四斗、水九斗の合計二石三斗から、酒八斗が得られることからこの名前がついた。旧暦十月からつくりはじめる。「しおる」とは、絹の布などで醪を搾る操作を指すが、「旬を経てしおりと為す」とあるように十日以内にしおり、その回数は四回以内であった。

これに対して現代の酒は、蒸米、麹、水をふつう三回に分けて醪に加えていく「添」とか、「掛け」とよばれる方法でつくられる。何度もしおるのが古代酒の特徴である。

また蒸米に対する麹の割合を「麹歩合《こうじぶあい》」とよぶが、これが高く、またできる酒の量も原料二石三斗に対して八斗と少なく、かなり濃厚、甘口の酒だったと思われる。御酒用の原料米は年間二一二石九斗三升となっている。その内訳は、山城国六十石八斗七升二合（省営田稲）、大和国二十五石六斗二升二合（正税稲）、河内国二十六石六斗二升二合（正税稲）、和泉国二十石一斗二升五合（国営田税と正税稲）、摂津国七十九石二斗二升二合八升（省営田稲）となっている。酒は「酒戸」によってつくられた。

㈡　御井酒《ごいしゅ》

旧暦七月下旬からつくりはじめ、八月一日から九月三十日までの間供されることから、夏の酒である。原料は蒸米一石、麹四斗は御酒と同じだが、水が六斗とさらに少ないから濃厚な醪で、得られる酒も半分の四斗となっている。

㈢　醴酒《れいしゅ》

醴とは、甘酒や一夜酒を意味している。蒸米四升、麹二升、水のかわりに酒三升を加え、醴酒九升が得られる。すでに出来上がった酒に麹歩合を高くして蒸米を加えるから、短時間で糖化が進み、甘い酒ができる。冷やして飲む。

㈣　三種糟《さんしゆそう》

「前もって醸造し、正月三節に之を供す」とある。糟は、かすの意味で、正月の節会で用いる三種類の酒のことである。いずれも水がわりに酒を用い、また麹と小麦麦芽の「麦萠」を併用していることが注目される。日本における麦芽の用途は、その後は現代に至るまで水飴つくりなど菓子用原料の糖化であり、酒づくりに使用される例はきわめて珍しい。

また蒸米も粳米以外に、糯米、粱米（あわのうるしね　うるち粟）も使用されている。

㈤　擣糟《かちそう》

「造酒司」の原文では、「擣」の字に「カチ」のルビがある。「擣《とう》」は「搗《とう》」と同じく、突く、打つの意味である。したがって醪をすりつぶしてつくった酒ではないかと考えられる。但し蒸米一石に対して麹七斗、水一石七斗、得られる酒は一石と多くなっている。

ここまでは宮中の年中行事向け高級酒であるが、以下の頓酒、熟酒、汁糟、粉酒は「雑給酒」とよばれ、下級の官人用酒と思われる。雑給酒用に用いる米は年間六一五石七斗七升七合と消費量が多い。

㈥　頓酒《とんしゆ》

「頓」の字から、短期間でつくる酒である。蒸米一石、麹四斗、水九斗から頓酒八斗を得る。

(七) 熟酒《じゆくしゆ》

「熟」の字から推定されるように、時間をかけてつくる酒で、蒸米一石、麹四斗、水一石一斗七升から酒一石四斗を得る。頓酒より水を多く加え、糖化とアルコール発酵を十分に進める。

(八) 汁糟・粉酒

いずれも先の「酒八斗法」に準ずるとだけあって、原料比、製法については書かれていない。

(九) 白酒・黒酒

新嘗祭《にいなめさい》は、毎年はじめて収穫された米を天皇が祖先の神に捧げる収穫感謝祭である。白酒・黒酒はこの新嘗祭と天皇即位後最初の新嘗祭である大嘗祭においてつくられる白、黒の酒であるが、古代酒の姿を現在までよく残している酒として醸造技術上も注目されるが、後でくわしく述べる。

釈奠の酒

釈奠《せきてん》は中国から伝わった儀式で、二月と八月上の丁の日、大学寮において孔子とその弟子たちの肖像をまつり、講義を行なう。この日のためにつくる酒が「醴斎《れいし》」と「盎斎《おうし》」である。

醴斎は白米一斗八升を粉にし、その九升を麹にする。盎斎の方は黒米、つまり玄米一斗三升を粉にしてうち六升で麹をつくる。いずれも水のかわりに清酒五升を加え、酒二斗を得る。祭の四日前につくり供える。

米を粉末化するとコウジカビが増殖しやすく、またアルコール発酵が早く進む。水がわりに清酒を用いる促成酒で、かなり甘口の酒であろう。

これらの酒は、それぞれ醸造時期がことなっている。御井酒は八月一日から九月三十日までの夏の酒である。一方汁糟は九月一日から五月三十日までの冬の酒で、日に四升を御厨子所《みづしどころ》へ、二升を進物所へ届ける。夏の六月一日から八月三十日までは、擣糟で代用する。

酢もつくられたが、月に二斗を御厨子所へ届ける。御厨子所は毎日天皇に朝夕の御膳を供進し、節会の際には酒肴をととのえるのが役目である。

酒造道具類

『延喜式』巻四十「造酒司」は、主な酒の製法の後に「造酒雑器」として、さまざまな道具類と容器の数量を挙げているが、米を精白し、蒸し、酒をつくっていく順に見ていこう。(5)

中取《なかどり》の案《つくえ》　八脚

箕《み》　二十枚　箕は穀物をふるい、殻やごみを振り分ける農具。

木臼　一腰

杵　二枚

兎の餅つき絵に出てくるような木製の立杵と臼で玄米を搗く。後の江戸時代になるとシーソーのような足踏み式「唐臼《からうす》」が普及するが、当時の酒づくりには出てこない。

槽《ふね》　六隻　槽はその形から酒船ともいう。醪を布袋に入れ、搾って清酒と酒粕を分離する。損耗したら取り換える。

甕の木蓋　二百枚　酒甕の蓋であるが、相当数が多い。

槽《こしき》　三口　槽（現在は甑）竃で火を焚き、釜子で湯を沸かし、蒸気を槽の小穴から通して米を蒸す三点セットである。

水樽　十口

水麻笥《みずおけ》　二十口

小麻笥　二十口

筌《うえ》（せん）現在は細い竹を編んだ魚を捕える道具。

以上が供奉酒用の道具類である。その他に、

「薄絁《あしぎぬ》」篩用である。

「由加《ゆか》」醴を冷やす容器。

「槽垂袋《さかふくろ》」醪を入れて搾る。

などを用いる。

造酒司の技術

薄絁や、槽垂袋が存在することから、宮廷用の酒はすでにこの時代から醪を搾った清酒だったと思われる。

古代酒の技術を概観して感じることは、蒸米、麹の量に比べ、加える水（汲水）の量が少ないことである。したがって醪の粘度が高い。また昔は甘味が貴重で最高のごちそうだったから、現在の基準からすれば相当な甘口酒が好まれたのであろう。

先の「御酒」の製造法を見ると、蒸米、麹、水と固体と液体が混じった状態の「醪」を絹布などで漉し、そこへさらに蒸米、麹、水を加えていく。この操作のことを「しおり」と称する。しおり操作を八回も繰り返したという『日本書紀』の「八しおりの酒」は、素戔嗚尊《すさのおのみこと》が八岐大蛇《やまたのおろち》に食われようとしていた奇稲田姫《くしなだひめ》を助けるために、脚摩乳《あしなづち》、手摩乳《てなづち》夫婦に「八しおりの酒」をつくらせ、大蛇に飲ませて酔わせ、退治したという。

「しおり」操作は酒のアルコール濃度を次第に高めていく技法であるが、粘度の高い日本酒の醪を布袋に入れ、垂れてくる清酒を集め、袋に圧力をかけて搾り切るまでにはかなり時間がかかる。その間に雑菌による汚染も起きやすい。素早くろ過できる粟酒の醪ならともかく、これはむずかしい。

また蒸留しない酒のアルコール濃度の上限は二十パーセント程度だが、果たしてしおり法でそれほど濃い酒ができたのだろうか。日本酒の製法が、蒸米、麹、水を何回かに分けて醪に加え、アルコール度数を高めていく「添」方式へと一本化されていったのも、この方が合理的だからだろう。『延喜式』「造酒司」以降はほとんど技術文献がないため不明だが、室町時代の初め頃には添方式に一本化されていたようだ。

日本では大麦の麦芽によるでんぷん糖化法があまり普及しなかったことも興味深い。麦芽は酒ではなく、ほとんどが飴に使われていた。麦芽は高価なことがその理由だろうか。

大嘗祭の白酒・黒酒

かつての万葉人は、大嘗祭に白酒・黒酒を供える喜びを次のように詠んだ。

天地《あめつち》と久しきまでの萬世《よろずよ》に仕へまつらむ白酒・黒酒を（『万葉集』四二七五）

大嘗祭は、天皇即位後はじめて行なわれる新嘗祭である。新嘗祭は稲の収穫感謝祭で、天皇は稲の初穂を天地の神に供え、自らも食する。もとは旧暦十一月中の卯の日に宮中で行なわれた。稲作民族の祭であり、現代の勤労感謝の日にもつながる。そこには日本人の米に対する深い思いが込められているように思われる。

万葉集の昔から現代まで、白酒、黒酒は大嘗祭、新嘗祭においてつくられてきた。京都でも某酒造メーカーが、現在でも祭祀用の白酒・黒酒を特別に醸造している。

『延喜式』「践祚大嘗祭」の記述によって、その次第を見ていこう。(6) 大嘗祭は天皇即位が七月以前の場合はその年に、八月以降であれば翌年に行なわれる。新穀を納める国、悠紀《ゆき》、主基《すき》の両国は占いによって決めるが、悠紀は平安時代以降近江国に定まった。

八月上旬、大祓《おおはらえ》の使いを各地に派遣する。また初穂を収穫する「抜穂使《ぬきぼし》」は、八月下旬両国に各二人を派遣するが、一人は「稲実《いなみ》の卜部《うらべ》」、もう一人は「禰宜《ねぎ》の卜部《うらべ》」と号する。穂を鎌で刈らず、未熟な稲の実を抜くことは、古代の稲作では広く行なわれていた。

「造酒児」、あるいは「造酒童女」は「さかつこ」と読み、選定された悠紀、主基両郡の未婚の少女を充てる。その他に「酒波《さかなみ》」、「篩粉《ふるいこ》」、「多明酒波《ためつさかなみ》」、「合作《あいつくり》」（以上女）、「稲実公《いなのみのきみ》」、「焼炭《すみやき》」、「採薪《きこり》」など酒づくりに関係した役職が並ぶ。

名前からして、造酒童女は酒づくりの全工程に関与しているように思われがちだが、諸儀式において最初に手を下すのがその役目だった。すなわち、斎田の稲穂を抜く、乾燥してから斎院に納めるなどである。抜いた稲束のうち四束を供御《くご》の飯に炊き、残りは白酒・黒酒の醸造に用いる。

さて九月下旬に抜穂使は戻ってくるが、その後都では斎場用の土地の地鎮祭が行なわれる。造酒童女がまず鍬を取り、地を掃いて建物四隅の柱の穴を掘る。建物は二つあって、悠紀殿が向かって左、主基殿が右に建てられる（図3－2）。

卜部は国郡司以下役夫らを率いて山に入り、山の神を祀り、材木を採るが、ここでも最初に斧を取るのは造酒童女である。

斎場の建物がいずれもきわめて質素なつくりなのは、祭の後で直ちに取り壊すためであろう。すなわち柴で籬（まがき）をつくり、木を編んで門となすとある。

内院には「八神殿」、「稲実屋」、「黒酒屋」、「白酒屋」各一、「倉代屋」、「贄屋《にえや》」、「臼屋」、「大炊屋」、それに「麹室」、外院には「多明酒屋《ためつさかや》」、「倉代屋」、「供御の料理の屋」、「多明料理屋」三、「麹室」

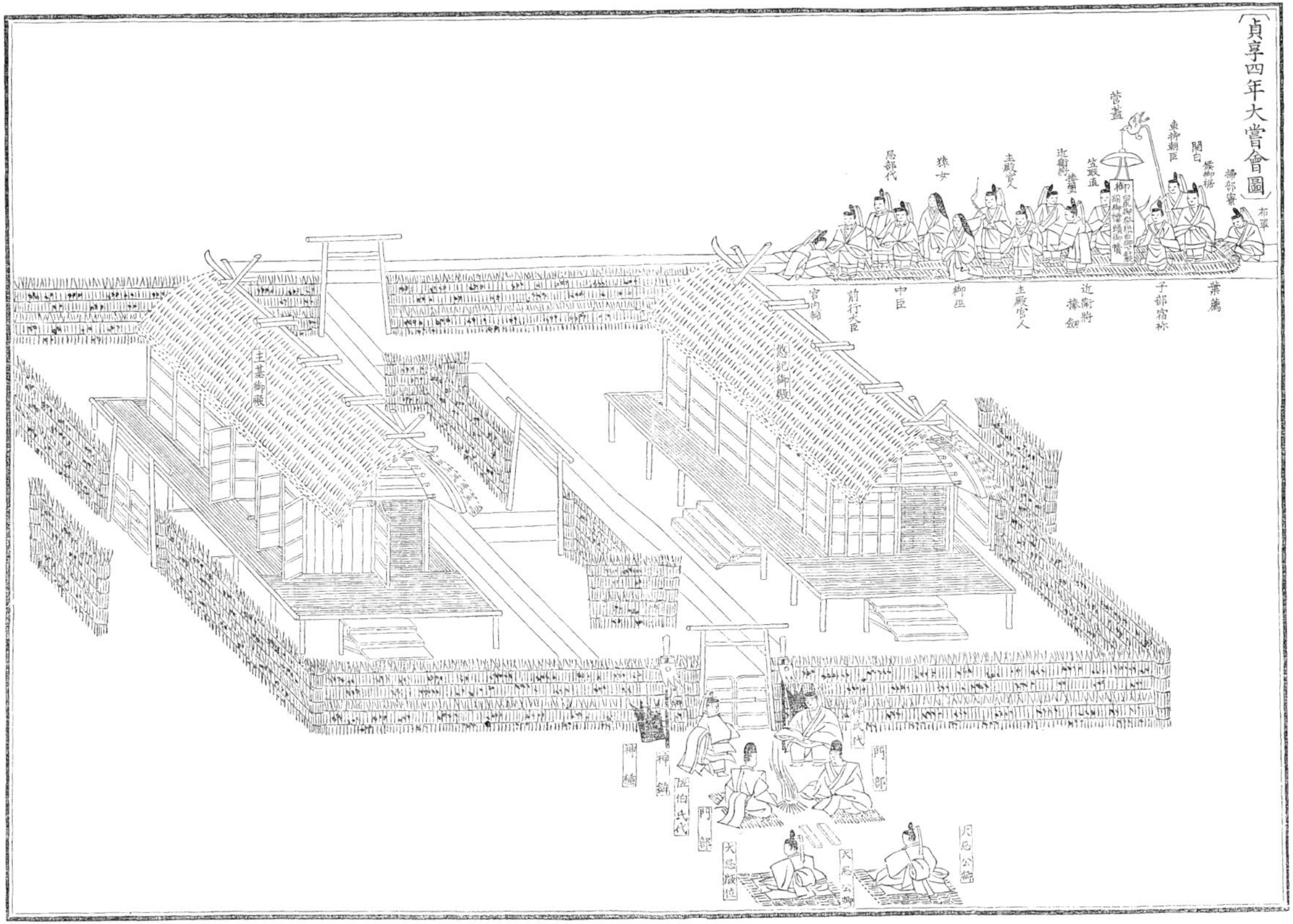

図3－2　『貞享四年大嘗会図』悠紀殿と主基殿
（国際日本文化研究センター所蔵）

をつくる。いずれも樹皮をはがさない黒木の柱、草葺き屋根である。保温性をよくする目的からであろう、麹室だけは塗壁づくりとなっているのが興味深い。

井戸もまず造酒童女が掘る。

酒づくりは、まず十月上〜中旬から「大多米酒」を醸しはじめる。『延喜式』「践祚大嘗祭」には、「多明酒」を多くつくるには国の備米三十石を用いるとある。

白酒・黒酒用の米はまず造酒童女が、次いで女たちがいっしょに搗く。造酒司には八神が祀られるが、終わってからまず井戸の神を、次に竈の神を、酒の醸造をはじめる日に酒の神を祀る。酒造道具類は以下の通りである。

「甕」四口、「𨏍《さらけ》」四口（各二口は白酒用、二口は黒酒用）

「大麻笥」四口

「臼」四腰

「杵」八枚

「箕」八枚

「櫓」三口

「籭《ら》」八口　研いだ米を上げるのに用いる、竹でつくった網目の透けたざる。

「志多美《したみ》」八口　「したみ」は底が四角で上が丸いざる。

「平筥」八口
「酒槽《さかぶね》」三隻　槽は船とも書く。醪を搾る船型の容器。
「明櫃《あかひつ》」四合
「折櫃《おりひつ》」二十二合　櫃は蓋のある大型の箱。
「大案」二脚　案は机。
「韓櫃《からひつ》」二合　六本脚の蓋付容器。
「大明櫃」一合
「小麻笥」六口
「匏」七柄　匏は乾燥した瓜を二つに切って柄杓にする。
「杓」四柄　ひょうたん型のひしゃく。
「灰篩」二張
「粉篩」二帳
「㼽　𤭯」二口　いずれも曝布をもって之を覆う、とある。
「多明酒」をつくるには国の備米三十石を用いると、『延喜式』「践祚大嘗祭」にある。「味物《ためつもの》」は大嘗祭において臣下に賜わる酒や食物のことであり、転じておいしい食べ物を指すようになった。後の宴会ではこの多米酒が下賜されたようである。

十一月上旬、内院の酒を醸す。大嘗宮（悠紀殿、主基殿、廻立殿）を建てる。

大嘗祭がはじまるのは十一月中旬の卯の日であるが、その日には「御稲《みしね》」（神に供える稲）、白酒・黒酒が大嘗宮に納められる。また白酒・黒酒は祭最終日の豊明節会《とよのあかりのせちえ》において供される。

大嘗祭における「供饌」とは、その年悠紀、主基の両国において収穫した初穂で飯を炊き、また酒を醸し、天皇が祖先の神々に捧げ（「御進供」）、また自らも飲食する（「御親供」）ことである。

神饌はまず十人の采女《うねめ》によって膳屋《かしわや》から運ばれ、最初悠紀殿で供饌がはじまる。神饌は後取《しんどり》女官、陪膳《ばいぜん》から天皇に渡される。酒の場合、陪膳はまず、右手に瓶子を、左手に本柏を持って酒を注ぎ、天皇に手渡す。天皇は右手で受け、白酒・黒酒を各二度ずつ　順に神饌の上に振り灑ぐが、これで天照大神以下の神々が飲酒したことになる。

続いて天皇は、自らも食薦《すこも》上の飯を食し、最後に白酒・黒酒を各四度ずつ飲む。これは神との直会であり、天皇が祀る者から祀られる者へと変化することを意味している。

天皇はその後一度廻立殿に戻り（「還御」）、また出る（「出御」）。そして主基殿において同じ儀式を繰り返す。

平安時代末頃の大嘗祭の有様については、たとえば高倉天皇即位の仁安三年（一一六八）十一月の大嘗祭において「御装束司次官」をつとめた公卿平信範の日記、『平範記《へいはんき》』に詳しい。(7)

この時は稲実公、造酒童女など抜穂使が都に戻ったのは、十一月の三日だった。造酒童女はまだ十三歳の少女である。すぐに式三献の儀が行なわれ、童女は火鑚を渡し、稲実公がそれで火を起こし、かがり火をたいた。

儀式を行なう悠紀殿、主基殿も棟上げされている。

神饌は神様に供える食物であるから、山海の珍味を並べ立てた豪華な献立と思いがちだが、大嘗祭を含め日本の神饌は素材そのものに近く、きわめて質素なものである。味付けも塩だけで、たとえば和布《わかめ》や鰒の汁漬というのもスープである。

さて神膳は十一月二十二日、卯の日から供された。まず八人の女が稲春歌を歌いながら米を搗く。十人の采女は、水、神食薦、御食薦、箸、平手、御飯、生物《なまもの》、干物、菓子の筥を持つ。高橋の朝臣の一人は鰒の汁漬を取り、土器に盛る。また安曇氏の一人は和布の汁漬を取る。内膳司の膳部四人は羹《あつもの》を入れる盞、八脚の机を担ぐ。

ここでの造酒司の役目は、御酒を置く八脚の机を二人が担ぐこと、「平居瓶《ひらいがめ》」を置くことである。

さて悠紀殿の後、主基殿でも同じ儀式が繰り返される。大嘗祭終了当日に酒宴があり、「豊明節会《とよのあかりのせちえ》」とよばれるが、これが本当の意味での饗宴である。殿上で盃酌二献、朗詠、今様、乱舞などが行なわれる。

翌二十三日、早くも大嘗宮の建物は取り壊されてしまう。この日の宴会では鰒の汁、御飯その他のおかず、白酒・黒酒を天皇に供し、それが終わると臣下に下賜される。二十四日にも宴があったが、この日の三献には白酒・黒酒はない。

白酒・黒酒は践祚大嘗祭において斎会の夜と解斎の日に供される。

白酒・黒酒の醸造法に関しては、多くの説があり、やや混乱も見られる。少し考察してみる。先の『延喜式』「造酒司」の記述によれば、原料米一石のうち二斗八升を麹に、残り七斗一升四合を飯にして水五斗を加え、二つの甕に等分する。発酵終了後「久佐木灰」三升を一つの甕に混ぜ、黒酒と称するとあるのだが、灰を加えた後に醪を漉すとは述べていない。

そこで江戸時代になると、白酒・黒酒の内容に関していささか解釈に混乱が生じた。一つは白酒とは澄んだ清酒のことであり、黒酒は漉していない酒だ、とする説である。黒くするには灰ではなく「烏麻粉《うまこ》」という黒胡麻の粉末を用いた時代もあったという。もう一つは、白酒は文字通り白濁した酒、黒酒は灰を加えた後に漉した清酒とする説である。しかし、灰と醪を漉すのに用いたと思われる「あしぎぬ」の篩があることから、私は黒酒は漉した酒であると解釈したい。

大嘗祭は、戦乱が続いて皇室も財政が窮乏した室町時代以降、長く行なわれなかった時期がある。江戸時代の貞享年間、東山天皇の時代から再び行なわれるようになったので、多少内容が変化している可能性もあるが、古代の酒を知る貴重な資料であることは間違いない。江戸時代から現代までの大嘗祭に関する研究もあるので、それらを参照する。(8)

大嘗祭で食物を入れる椀である「窪手《くぼて》」は、柏の葉を青竹の針でとじたものであり、皿状の「平《ひら》手《て》」も同様にしてつくった。また白酒・黒酒を入れる「土瓶」は東山の音羽で、「土高坏《つちたかつき》」は洛北岩倉の幡枝村で焼かれた。

文政年間の大嘗祭では、酒は上賀茂において醸造され、酒造道具も新調されているが、陶器の他に木桶も使用されている。

明治以降、都は京都から東京に移ったが、明治二十三年（一八九〇）制定の皇室典範で即位礼と大嘗祭は京都で行なうことが定められた。大正の大嘗祭は大正二年（一九一三）十一月十四日に京都御所において行なわれた。白酒・黒酒は上賀茂神社の酒殿において醸造された。当時の『日本醸造協会雑誌』には写真と紹介記事が掲載されているが、容器類はいずれも小さなもので、古代からあまり変化していないように見える[9]。

昭和三年（一九二八）の大嘗祭も、大嘗宮の建物は京都仙洞御所内に建てられ、酒はやはり上賀茂神社の酒殿において醸造された[10]。担当者は明治四年の新嘗祭から毎年白酒・黒酒を醸造していた東京市の業者加島十兵衛で、京都まで出張し、泊まり込みで作業した。酒殿は上賀茂神社北神饌所の南にあり、面積約四百坪、竹柵をめぐらし、西側に正門、東南隅に通用門、門内北側に醸造所、南側に麹室、その東側には蒸米所を設けた。

醸造所は東西の長さ五間（京間の一間＝約一・九七メートル）、南北三間半、内部を区切り、東側三間は土間、西側三間は板張りの間とした。前述の奈良春日大社酒殿の構造とよく似ている。

麹室はずっと小さく、間口六尺（一・八メートル）、奥行七尺（二・一メートル）、保温のため藁で覆った。蒸米所は東西五間半、南北三間、これも西側二間は土間にして、中央に竈を築き、東側は畳敷きの休憩室にした。また「御井《みい》」（井戸）は神社の「御物井《おものい》」を使用した。

酒造道具類は、兵庫県西宮市の業者が所有する奈良県吉野郡冷水の山林から樹齢三百年の杉その他の良材を選定、伐採し、加工した。

この年の悠紀（滋賀県野洲郡三上村）、主基（福岡県早良郡脇山村）両斎田において収穫された新穀を十月十七日に大嘗宮の斎庫から受け取り、いよいよ醸造がはじまった。作業は翌日から開始され、二十九日には仕込みを完了し、十一月十日に醪を搾った。悠紀、主基用の白酒・黒酒各五升をそれぞれ桶に入れて、十三日に典儀部員が点検した後、二つの唐櫃に納めて京都御所の大嘗宮にまで運ばれた。この時期、まだ気温は高いから酒は早くできる。『延喜式』の時代とあまりかわらない促成酒であろう。

白酒・黒酒を醸造した東京浅草橋近くの業者加島十兵衛については、戦後昭和二十八年（一九五三）に行なわれたインタビュー記事がある。(11) この時点でもう東京での醸造は行なわれておらず、年に三回、六月、十二月の月次祭《つきなみさい》と新嘗祭の折に伊勢神宮に赴き、白酒・黒酒をつくっていた。原料米は神宮の御園で収穫されたものを使用した。戦時中も酒はつくり続けていたが大変で、吉野杉でつくった酒造道具類は戦災で失ってしまったという。

もとは宮中で神酒づくりを行なっていたのを、明治の東京遷都以後、四代前の加島十兵衛が引き受けたという。前述のように、昭和大嘗祭の際は、京都の上賀茂神社に赴いて神酒をつくったが、斎戒沐浴し、白装束で古代そのままの道具を使い、電灯もない室内で三週間を要して神酒を醸造した。

しかし、平成天皇の即位から大嘗祭は東京で行なわれることになり、京都において白酒・黒酒を醸造したのは昭和大嘗祭が最後になってしまった。手間と費用を考えればやむをえないと思われるが、京都にとっては残念なことである。現在毎年の新嘗祭用白酒・黒酒は、関西の某メーカーでつくられて、宮内庁に納められている。

内酒殿

先の造酒司とは別に、内裏で使用する酒を醸造する「内酒殿《うちのさかどの》」という施設が嵯峨天皇の時代にあったが、この施設は短期間で使われなくなった。平安宮内裏の東、宣陽門と建春門を出た先に内酒殿、釜所《かなえどころ》、侍従所《じじゅうどころ》などの建物があったといわれる。

平成七年（一九九五）から京都市埋蔵文化財研究所によって行なわれた発掘調査の結果、平安時代の井戸、溝などの遺構が出土した。また井戸中の木簡には弘仁二年（八一一）十月十八日の日付がある。その内容は内酒殿への米の請求である。このことは、従来の文献資料による元慶五年（八八一）よりも七〇年遡った時点ですでに内酒殿が存在していたことを裏付ける(12)。この木簡は平成二十二年に京都市の指定文化財となっている。

遺構の現住所は上京区智恵光院上る分銅町で、バス停丸太町智恵光院で下車、智恵光院通を北上

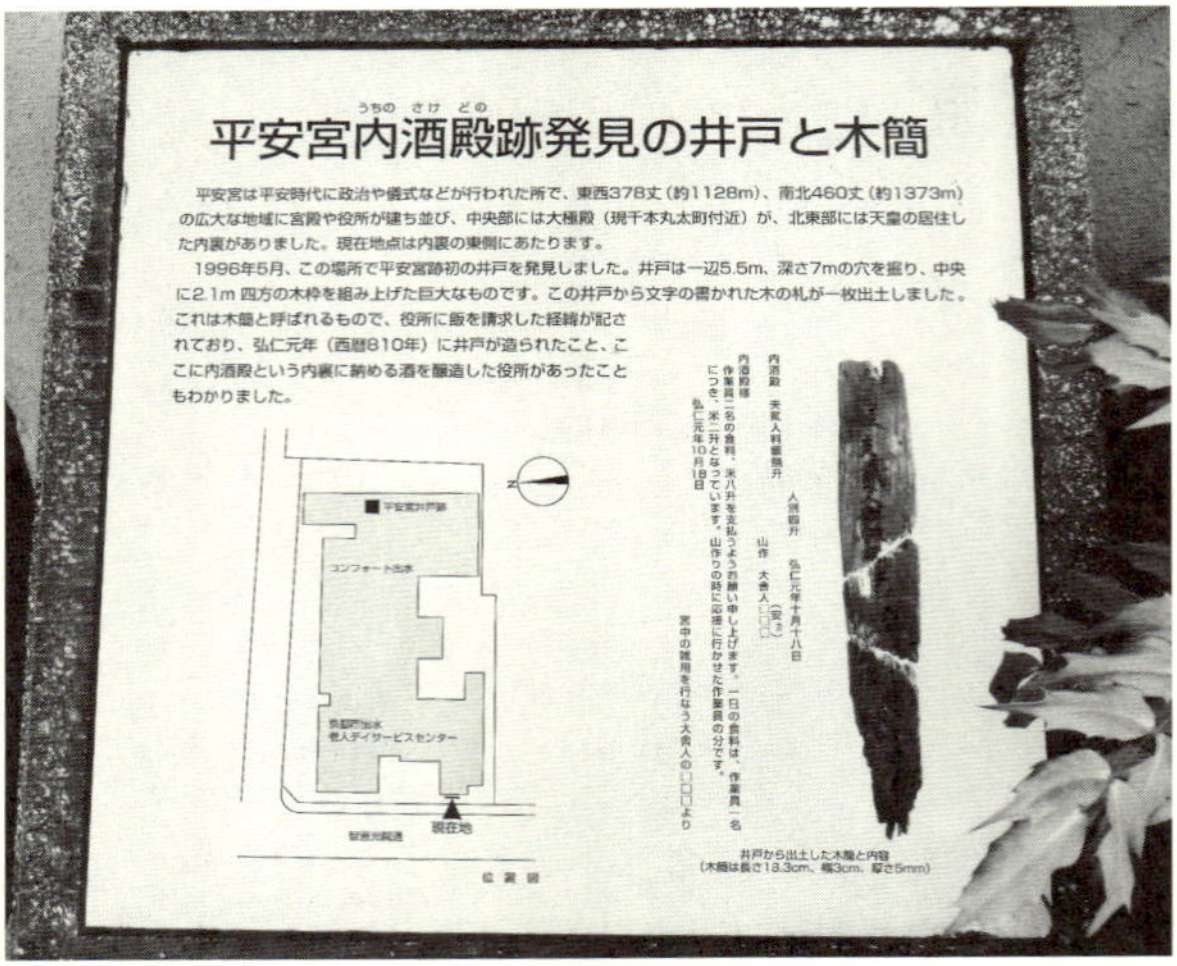

写真3－3　平安京内酒殿跡（2015、撮影 工藤健太）

したあたりにある（**写真3－3**）。このあたりは堀川の地下伏流水が得られるため、昔から多くの造り酒屋があった地域であり、現在も佐々木酒造が営業している。

式三献

現在も神前結婚式でおこなわれる「三々九度の盃」は、古来日本の宴会で行なわれてきた「式三献《しきさんこん》」の名残りである。盃に入った酒を一口飲むことを「一度《ひとたび》」といい、これを三度繰り返すのが「一献《いっこん》」、合計九回で「三献」となる。陽である奇数を尊び、陰である偶数を嫌ったから、偶数回酌をすることは通常以外の酒宴、切腹の際の盃などでしか行なわない。

正式の宴会では大盃が一座に一回りすることを「一献」といい、今日の宴会では盃は三献まわったなどという。古来の塗の盃や土器から、磁器製猪口と徳利でちびちび飲むスタイルになったのは、江戸時代も末頃のことらしい。

宮中では、桜の花見、藤の花見など、さまざまな宴会において酒が供された。「五節供」とは、一年間五つの主な節供を指している。

正月七日は「人日《じんじつ》」、人事を占うことに由来するという。

三月三日は「上巳《じようし》」、古くは三月最初の巳《み》の日であったが、奈良時代以降、三月三日となる。現在の桃の節供で、この日は桃花酒、白酒、草餅などを飲んだり食べたりする。宮中では「曲水《ごくすい》の宴」が行なわれた。これは庭に曲がった溝を作って水を引きいれ、参加者は溝の両側に座る。酒盃を浮かべ、上流から流した盃が自分の前を流れ過ぎないうちに和歌を詠み、盃を取り上げて酒を飲む。優雅な遊びで現在も京都市伏見区の城南宮において行なわれている。

五月五日は端午の節供。こちらは男子の節供である。中国楚の屈原の故事にちなんで粽をつくる。菖蒲の根を刻んで酒に浸す「菖蒲酒」は邪気を払うとされている。

七月七日は七夕であるが、この日宮中で素麺を食べる習慣は室町時代にはじまったといわれる。

また九月九日は重陽《ちようよう》の節供で、「菊の節供」ともよばれる。古くは菊の花を酒に入れる「菊酒」を飲んだ。この日から翌年三月三日までは酒に燗をして、温酒を飲む。

その他にも折にふれ、さまざまな宴会が行なわれていた。

貴族の宴会

役人の宴会としては、中宮と東宮が出席する二宮大饗、大将大饗、さらに大臣大饗（だいじんだいきょう　おとどのおおみあえ）がある。大饗で供される料理を「大饗料理」と称するが、この時代は中国の習慣がまだ残っていて、大きな食卓にすべての料理を並べるスタイルである。その後の日本料理の分化、進化の歴史を考える上できわめて興味深い(13)。

「任大臣大饗」とは、大臣に任じられた際、大臣が部下の官人すべてを招待する大宴会である。親王や天皇の子で源姓を名乗る「一世の源氏」も出席する公的な宴会でもあるから、朝廷からは雅楽、また労をねぎらって贈られる禄（祝儀）も準備される。乳を煮詰めた練乳といわれる「蘇《そ》」、丹波産「甘栗」が下賜される。十日くらい前から準備がはじめられ、「習礼《しゅらい》」という予行演習も行なわれる。

大饗料理は「上客料理所」において、酒は「酒部所」で準備される。酒部所は屋外にあり、幔幕を張り、中央には火炉を置いて炭を積み、酒を温める。東側に黒漆の酒樽を、西側には瓶子盃などをのせる棚を、南側には床几を置く。今の園遊会の設備などを想像すればよい。

この宴会は「拝礼」、「宴《えん》の座《ざ》」、「穏《おん》の座《ざ》」の三部構成であるが、それぞれ神道の祭における「神祭」、「直会」、「饗宴」に相当すると考えられる。

主賓を「尊者《そんじゃ》」というが、尊者がつれてくる客に主人が立って挨拶をする拝礼からはじまる。その後一同は寝殿の南広廂に移って座り、宴会を行なうので、「廂の大饗」ともいう。盃事には非常に複雑なきまりがある。

宴会では大盃に入った酒を身分の高い者から低い者へと席順に廻していき、最後の者が台盤の下に置く。主人は自席に戻る。これを「一献」といい、以下同様に、二献、三献と続く。「今日の宴会では酒は何献まで廻った」という具合に表現される。

酒は酒部所から「様器《ようき》」とよばれる盃を折敷に載せて運ばせ、酌をする殿上人が瓶子を持って主人に付き従う。様器の内容は今日ではよくわからないが、非常に高価なものであったことはたしかである。まず主人が飲み、次いで尊者に勧める。

三献までが宴の座で、四献目からは宴の性格が少し変化してくる。主人が盃の巡行に同行する、また酒部所から酒を献じ、三献までは様器だった盃も、外の炉で酒を温めていた酒部所の人々が引上げ、四献からは上客料理所が担当すると、盃も土器《かわらけ》にかわる。酒もそれまでの温酒から冷酒になる。盃はまだ六献、七献まで巡り、場所を廂の外側、南簀子敷に移して、穏の座となる。

穏の座では芸能、つまり笛、琵琶、笙、琴による管弦と歌が加わり、また禄物を天皇から賜わる。尊者は南側の階段から退出して、酒宴は終わる。

ここで料理は山芋の零余子《むかご》と芋粥が出るが、甘い芋粥は平安時代非常に人気のある料理だった。また暑い季節には削氷《けづりひ》（シャーベット）や甘瓜なども出た。

平安時代の宴会ではどのような料理が供されたのか、食文化史の面から非常に興味深い。図は鳥

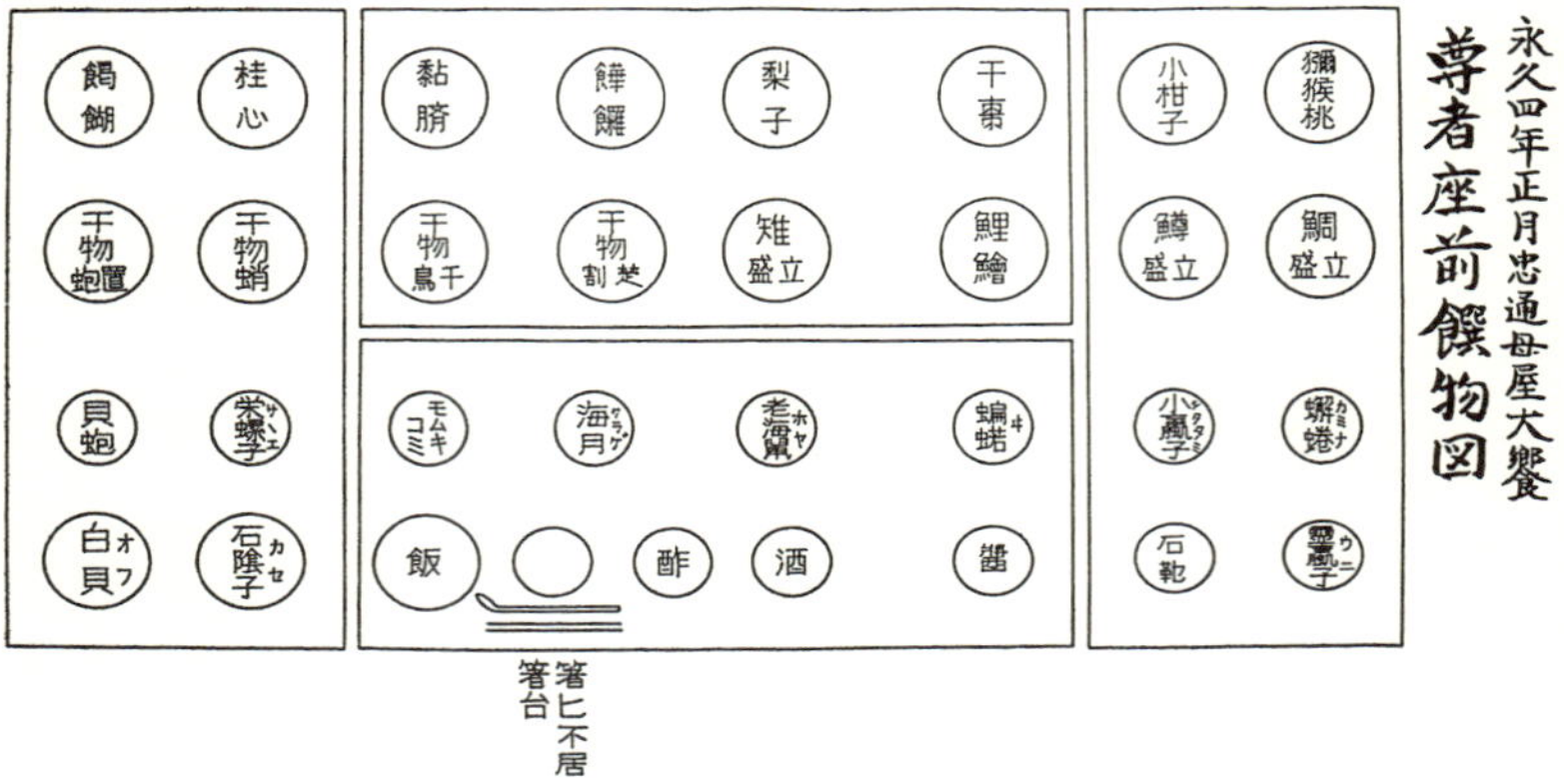

図3－3　永久四年正月忠通母屋大饗　尊者座前饌物図
（倉林正次『饗宴の研究　儀礼編』桜楓社、1965）

羽天皇の御世、永久四年（一一一六）正月、藤原忠通邸における尊者用の献立である（**図3－3**）。

飯と酒は箸の横に置かれる。調味料は醤《ひしお》（醤油の原型ともいわれる）、酢、辛酒、塩の四種類であり、各自の好みに応じ、これらの調味料で味付けしてから食べる。

干物　楚割《すわやり》、干鳥、蛸、鮑
生物　鯉膾《こいなます》、鯛、鱒
貝類　さざえ、鮑
果物　柑子、梨子、干棗《ほしなつめ》
唐菓子　桂心《けいしん》、餲餬《かつこ》、黏臍《てんせい》

楚割は魚肉を細く切り、塩をつけて干し固めたものである。蛸も干し、固い鮑貝は細く剥いて、乾燥した。膾と刺身のちがいは、膾は魚肉をより細く切るものである。

当時の「菓子」は、現在の人工菓子のほかに「自然菓子」、つまり桃などやわらかい果物や、栗など堅果類も含まれている。

中国渡来の菓子類は八種類あったので、俗に「八種唐菓子《やしおのからがし》」とよぶ。今日ではその詳しい内容はわからなくなっているが、米粉、麦粉などを練って固め、油で揚げたものが多い。その後の和菓子には油で揚げたものはきわめて少ないので、貴重な存在である。

「平安貴族の食と酒」といえば、いかにもロマンティックな響きがあるけれども、果たして現代人が食べておいしいと感じるだろうか。かつて京都の老舗料亭が平安時代の宴会料理を再現して提供する試みがあったが、どうだったろうか。素材そのものを生か、あるいは乾燥して食べるものが大半で、味付けも前述のように各自で調味料に浸して行なうのである。煮物にして素材を長時間煮込み、旨味を引き出すわけでもない。また歯が弱くなってしまった現代人には、おそらく噛み切るのも大変なことだろう。平安時代の料理といっても、かなり現代風にアレンジされたものと思う。

大酒

どのくらい大酒を飲めるかを競う大酒会は、江戸時代文化年間に盛んに行なわれたが、平安時代にも大酒会の記録がある。延喜十一年（九一一）六月十五日、宇多法皇の離宮である亭子院《ていじいん》において、大盃による飲み比べが行なわれた。その有様は『群書類従』に収められている『亭子院賜酒記《ていじいんししゅき》』に詳しい(14)。

この日宇多法皇は「大戸」をよんで、「醇酒」を賜わった。「大戸」とは上戸と同じく酒飲み、「醇《かた》酒《さけ》」は濃い酒の意味であろう。呼び出された貴族は藤原仲平、源嗣ら八人である。彼らは、

幷皆当時無双名号甚高。雖飲酒及石以水沃沙者也。

（ならびに皆、当時無双、名号甚だ高く、酒を飲んで石に及ぶと雖も、ただ水を浴びるがごときやからなり）

と、いずれ劣らぬ大酒家だった。勅命によって大盃で二十盃を上限に飲むことに決め、盃の内側に墨で点をつけ、深さが同じになるようにした。それぞれ口に任せて盃が六、七巡すると、皆東西もわからない状態になってしまった。門外に出て倒れ伏す者、殿上で嘔吐する者あり、その他の者も何を言っているのかわからない、奇妙な声を出す有様になってしまった。乱れなかったのは藤原伊《これ》衡《ひら》一人だけで、彼は褒美に法皇から駿馬一頭をいただいた。盃は二十どころか、十巡ったところでおしまいになった。盃の大きさや酒の濃さが書かれていないのは残念だが、何も食べず、立て続けに大盃の酒を飲んだのでは無理もない。

酒飲みのことを「上戸」というが、もともとは民家の家族数が多いことを指した。それが婚礼の際の酒甕の数、飲酒量の多さをあらわすようになったという。上戸の反対語は下戸である。連日にわたる大酒が長い間続けば健康を害するが、『大鏡』の紹介する関白藤原道隆（九五三―九九五）の

最後も酒のゆえらしい。

この大臣は大疫癘の年こそ失せさせ給へれ、されど其の御病にはあらで、御みきの乱れさせ給ひにしなり。をのこは上戸一つの興の事にすれど、過ぎぬるはいと不便なる折侍り。(15)

(この大臣は疫病の流行した年に亡くなったが、その死因は疫病ではなく、御酒の乱れのゆえであった。男が上戸であることは一つの取り柄だが、過ぎると気の毒なこともある)

と、エピソードを紹介している。

賀茂祭の際、普通三献いただく神酒だが、下鴨神社の禰宜、神主も道隆の酒好きを心得ていて、特製の大土器を出した。これで三献どころか七、八盃も飲み、上賀茂神社に着く前に途中でひっくりかえって前後不覚に寝てしまった。しかし上賀茂神社では道長が起こして何とかつとめを果すことができたという。

いよいよ臨終という時、皆が西方浄土に向けて道隆に念仏を唱えさせようとすると、「済時・朝光なども や、極楽にはあらんずらん」と言ったのがあわれであった。飲み友達の済時や朝光が浄土にいるなら、いっしょに飲みたい。そうでなければ念仏など唱えても仕方ないというのである。本当に酒好きだったというべきだろう。

第四章　神社と酒

古代の農業は、常に天候不順や自然災害によっておびやかされる不安定なものであったから、穀物が無事収穫できたことを神に感謝し、最初に収穫した「初穂《はつぼ》」と、初穂で醸造した酒を神に捧げる儀式が広く行なわれた。こうした儀式は米に限らず、麦、その他の雑穀を栽培していた世界各地の農耕民族が行なってきたことである。

日本では稲の初穂で飯を炊き、酒を醸造したが、それらを捧げる対象は農耕の神、水の神であった。神道の儀式は、供え物を神に捧げる「神祭《かみまつり》」、神と人との共食《きようしよく》である「直会《なおらい》」、最後に参列者の宴会、「饗宴《きようえん》」の三部から構成されている。それは第三章に述べた「新嘗祭」や「大嘗祭」における飯と酒（白酒・黒酒）、さらに今の秋祭から勤労感謝の日にまで引きつがれている。日本人は米に対する思い入れがことのほか強く、かつては「酒」といえば、米からつくった日本酒をすぐ連想したのである。

さて昔から「お神酒《みき》あがらぬ神はない」といわれる。なぜ神様は酒が好きなのか、「酒神」として祀られているのは誰で、なぜ酒の神となったのか。また神に捧げる「神酒」をつくる神社は全国にどのくらい存在し、その技術はいかなるものか。

国税庁の鑑定官だった加藤百一氏は、昭和五十二年（一九七七）の時点で神酒をつくっていた神社の調査を全国的規模で行なったが、当時はまだ四十三社もが酒類の製造免許を有していた。このうち一部は現在でも神酒の醸造を続けている。

明治十三年（一八八〇）以降は、神社の神酒も「自家用料酒」として課税されることになり、さらに三十二年（一八九九）以降は、自家用料酒そのものが廃止されてしまった。現在も神酒をつくる神社は、この前後に陳情により酒類製造免許を得たものが多い。

神酒といえども、これをつくるためには酒類製造免許を有し、酒の種類、製造期間、製造見込数量、製造方法などの詳細を税務署に届け出る必要があり、数量、アルコール分などの検査も受けねばならない。

また神酒は原則として祭礼においてのみ使用すること、境内から移出、販売しないこと、必要以上に製造しないことなどが認可の条件になっている。したがって仕込み規模もせいぜい数石にすぎない。この規模での酒づくり用に製造設備を備え、また人を年間雇用しておくことは大変であるから、酒造メーカーの技術者に製造を委託する、あるいは氏子が無料奉仕でつくるという例もある。

最近は各地で「どぶろく特区」なども出現しているが、現行酒税法は「濁酒」、つまり濁り酒の製造は基本的に認めていない。日本では農民による手づくり濁酒の「密造」が、長い間税務当局を悩ませてきたからである。醪は粗い布あるいはざるを使用してもよいが、漉して清酒としなければならない。このように面倒なので、現在は手軽に入手できる市販の清酒を使用する神社がふえてきた。

酒の神

近畿地方には昔から「酒の神様」を祀ってきた神社がいくつかある。その由来を見てみよう。

㈠　大神《おおみわ》神社

奈良県桜井市にある大神神社の祭神は、大物主神《おおものぬしのかみ》で、農工業、商業などすべての産業にかかわる神であるが、特に酒神として多くの酒造家の崇敬を集めている。古くは神酒のことを「みわ」とも称し、また「うまさけ」は「みわ」にかかる枕詞だった。

当社では毎年十一月に醸造安全祈願祭である「さけまつり」が行なわれ、巫女によって「うま酒みわの舞」が舞われる。また大神神社の摂社である活日《いくひ》神社に祀られている活日命は、もともと大神神社の大物主神に捧げる神酒の醸造を司っていた人物で、杜氏の祖神であるから、毎年全国の酒造業者による「酒栄講」がある。

大神神社では現在も神酒が醸造されている。

㈡　松尾大社

京都で「酒の神様」として広く知られているのは、西京区の松尾大社である。名勝嵐山に近く、阪急嵐山線松尾駅で下車すれば、すぐ前に松尾大社の大鳥居が見えている。また造り酒屋を訪れれば、酒蔵には必ず松尾の神が祀られている。当社拝殿の横には全国の酒造メーカーから寄進された「菰樽《こもだる》」が積み上げられているが、これほど崇敬を集めている松尾の神とは何者だろうか。

松尾大社の祭神は大山咋神《おおやまくいのかみ》と、それ以前に九州から勧請された宗像《むなかた》神社（福岡県宗像郡）の祭神でもある市杵島姫神《いちきしまひめのかみ》である。大山咋神は、あの素戔嗚尊《すさのおのみこと》の子、大年の神の子に当たり、近江の日吉大社（滋賀県大津市）と洛西松尾大社の祭神である。

『古事記大成』第六巻は、松尾の神について、

次に大山咋の神。亦の名は山末之大主《やますゑのおほぬし》の神。此の神は近つ淡海《あふみ》の国の日枝《ひえ》の山に坐《ま》し、亦葛野《かづの》の松の尾に坐して、鳴鏑《なりかぶら》を用《も》つ神ぞ。(1)

と述べているが、「山末」は山の頂上を意味し、また「鳴鏑」は戦の開始を告げる「矢合わせ」に用いる鏑矢《かぶらや》のことである。大山咋神はもともと雷神、戦の神だった。京都上賀茂神社の正式名称は「賀茂別雷神社《かもわけいかづち》」であるが、松尾とならんで平安京を守護する神社であった。もともと人間に害をなす「荒ぶる神」も、時代が下ると水を司る神、さらには恵みをもたらす農耕の神へとその性格が変化していった。

秦《はた》氏は七九四年の平安京遷都以前からこの地に定住し、酒づくりなどの新技術をもつ渡来人の集団だったが、大宝元年（七〇一）に彼らが松尾に神殿を建てた時、九州の宗像神社から女神市杵島姫も勧請した。

天照大神の娘にあたる多紀理毘売命《たきりびめのみこと》、市寸島比売命《いちきしまひめのみこと》、田寸津比売命《たきつひめのみこと》の三女神は、いずれも酒神とされている。彼女たちは日本と朝鮮半島、中国大陸を結ぶ「道中の神」であり、渡来人は朝鮮半島、

大陸からの技術に接触できたことから、松尾大社に祀られたものと思われる。

江戸時代初期の京都地誌、黒川道祐著『雍州府志《ようしゅうふし》』（一六八六）にも、松尾の神の由来が述べられている。

「当社の神は弓矢の神となし、社稷《しゃしょく》（国家の意）の神、寿命の神、酒徳の神となす。酒を醸す者はもっぱら尊崇し酒徳神となす。又亀をもって使者となす」(2)

松尾の社家には二流あり、一つは秦氏、もう一つは卜部氏という。

松尾大社では毎年十一月はじめの卯の日に「上卯祭《じょううさい》」を行なって醸造の安全を祈願し、また酒づくりが終了した四月の酉の日に醸造感謝祭である「中酉祭《ちゅうゆうさい》」が行なわれ、全国から多数の酒造関係者が参列する（**写真４－１**）。酒づくりは卯の日にはじまって、酉の日に終わるという古くからの言い伝えにもとづくものである。

その年の酒づくりも無事終了して神に感謝の祈りをささげ、境内に山吹の花が咲く頃の中酉祭は、まことにすがすがしい。

社務所の裏手には「神泉亀の井」があって、京都の酒屋は昔からこの水を酛づくり用に汲んできたという。また全国の造り酒屋には、すべて松尾大社の神が祀られている。酒づくりは目に見えない微生物の働きに頼る微妙な仕事で、失敗も多かったから、神様に頼りたい気持も理解できる。

写真４－１　松尾大社上卯祭　醸造安全祈願祭。狂言『福の神』を演じている。（2015、撮影 工藤健太）

(三) 梅宮大社

京都にはもう一つ酒神を祀った神社があるが、こちらは松尾大社ほど知られていない。梅宮大社がそれで、四条通をまっすぐ西に行った右京区梅津にある。梅宮の祭神は酒解神《さけとけのかみ》と酒解子《さけとけのみこ》の父娘である。酒解神も本来山の神であり、これが水の神、農耕の神、酒の神になったと思われる。その娘である酒解子は「かむあだつひめ」という。

『日本書紀』神代紀には、「狭名田《さなだ》の稲をもって天甜酒《あまのたむざけ》を醸《か》みて嘗《にいなえす》」とあるが、甜酒とは、味のよい酒、美酒といった意味である。「醸む」はもともと「噛む」に由来すると思われるが、酒を醸造することである。新嘗《にいなえ》は、その年収穫した新米でつくった御飯《みけ》と御酒《みき》を神に捧げ、自らも食べて飲み、神と共食、共飲する祭であり、これは後の新嘗祭、さらには天皇即位の年に行なう大嘗祭の起源でもある。

梅宮大社においても上卯祭、中酉祭が行なわれており、また「御神酒」は市内の某メーカーが製造したものを購入できる。

俗に「酒の神様」とよばれるのは、以上三社の祭神である。しかしながら、このうち現在も神酒を醸造しているのは、大神神社のみである。それ以外に現在も神酒をつくっている神社がいくつかあるので、神酒の内容を紹介しよう。

伊勢神宮

伊勢神宮は、内宮《ないくう》が太陽神天照大神《あまてらすおおみかみ》を、外宮《げくう》が豊受大神《とようけおおかみ》を祭神とする。いずれも女神であるが、豊受大神は天照大神の食事を司るために丹後国から勧請された「御食津神《みけつかみ》」であり、天照大神の食事である「神饌《しんせん》」は、毎日外宮「忌火屋殿《いみびやでん》」において調理され、内宮まで運ばれる。ここで「忌火」とは穢れのない、清浄な火という意味である。

「日別朝夕《ひごとあさゆう》の大御饌《おおみけ》」とは、御食津神である豊受大神が天照大神に、毎日朝夕二回奉る神饌のことで、伊勢神宮の神官が忌火屋殿において清浄な火と水で調理し、唐櫃に納めて運ばれる。神饌というものは、古代日本人の食の姿をよく残していて、食生活史において重要なものである。以下、神饌の内容は、(3)

御飯

神宮直営の神田において栽培、収穫された米は、「日別朝夕の大御饌」はもちろん、秋の神嘗祭《かんなめさい》、白酒・黒酒・醴酒・清酒などすべての酒の原料となる。米は炊くのではなく、昔からの調理法で、甑によって蒸す。

塩

度会郡二見の御塩殿において海水を焚き、焼き固め、三角形の「堅塩《かたしお》」にして供える。

水

外宮近くの上御井《かみのみいの》神社の井戸水を汲んで用いる。

魚

愛知県知多郡篠島産の鯛を干鯛《ひだい》にした「御贄《みにえ》の干鯛」である。

貝

主なる貝は鮑であり、これを薄くそいで乾燥した熨斗鮑《のしあわび》にする。

海藻

昆布、和布、ひじき、海松《みる》など。

野菜

大根、にんじん。

果実

蜜柑、桃、柿、栗など。

神饌の調理法は、大量の塩をまぶして鯛を保存する「干鯛」、細く切って熨斗《のし》にした鮑、海藻のスープなど、生のまま、乾燥する、塩蔵など、ほとんど素材そのままといってよく、古代の食が残されている印象を受ける。長時間煮込んで味を引き出す、あるいは油で揚げる調理法ではない。

平安時代延暦年間の神饌は、基本となる御飯、水、塩の三品にすぎず、簡素なものだったが、昭和期になると日別の大御饌も、御飯、乾鰹、生魚（あるいは乾魚）、海藻、野菜、果実と豪華な献立である。また清酒もつく。

酒

酒は毎日の御饌に必ずつくが、これは市販清酒が用いられる。伊勢神宮には多くの祭があるが、六月と十二月に行なわれる「月次祭」、十月の「神嘗祭」の際は、白酒、黒酒、醴酒、清酒が供えられる。白酒・黒酒の製法については第三章において詳しくのべたが、伊勢神宮の場合も大嘗祭とほぼ同じである。

大嘗祭の白酒・黒酒同様、かつて伊勢神宮において白酒をつくるのは「酒作物忌《さけつくりのものいみ》」、黒酒は「清《きよ》酒作物忌《さけつくりのものいみ》」であった。いずれも神に奉仕する未婚の少女で、父親が付き添った。

伊勢神宮といえども、今日では神酒を醸造する祭は月次祭と神嘗祭のみで、その他の祭においては市販酒が用いられている。

神嘗祭では神酒を醸造する前に、御料田で稲の穂を抜き取る「抜穂祭」を行なうが、収穫の際に穂だけを抜き取るのは古代の収穫法である。神酒は内宮の「御稲御倉《みしねのみくら》」、外宮の「忌火屋殿」において仕込む。

あらかじめ酛をつくらずに、最初から蒸米、麹、水で仕込む、いわゆる「どぶろく仕込み」とよばれる仕込み法である。醪の日数は十二日、熟成後ざるで漉し、検定後二分して白酒・黒酒として供える。ざるで漉すから、濁ってはいても税法上は「清酒」となる。(4)

春日大社

春日大社の創建は、奈良時代の神護景雲二年(七六八)とされている。毎年三月十一日に行なわれる春日大社春日祭は、葵祭、石清水祭とならんで「三大勅祭」とよばれ、宮中から天皇陛下の御名代である勅使の参向をあおぎ、国家の安泰と国民の繁栄を祈る。

春日祭に先立って行われる「午《うま》の御酒式《みけしき》」は、祭に奉仕する神職が酒と神饌(神に供えた供物のお下がり)をいただき、心身の浄化をはかる。

平安時代の『延喜式』「神祇一　四時祭」によると、春日祭用に原料米、その他の酒造道具も支給され、「醸酒女《さけつくりめ》」、「駈女《かるめ》」も派遣され、酒をつくることになっていた。春日祭の「神酒」は「一《ひと》宿酒《よざけ》」と「社醸酒《しやじようしゆ》」の二種類となっている。一宿酒は一か月間で醸造した濁酒であり、「酒罇《しゆそん》」という容器に入れられる。また社醸酒は三か月間で醸造した清酒であり、「缶《ほとぎ》」という容器に入れて供えられる。(5)「罇」の音は「樽」と同じであるが、こちらは土器である。高さ約一尺(三十センチ)の木の脚三本がつく。また「缶」は腹部が丸くふくれた土器である。いずれも上を紙で覆い、柄杓を置く。

午の御酒式では、神職それぞれに素焼の土器四枚が折敷《おしき》に載せて渡され、一宿酒が注がれる。最初の一献はいただかずに土地の神への供え物として大地に注ぎ、二献から四献までをいただくことになっている。

前述のように春日大社には現在も酒殿があり、ここで神酒を醸造している。酒づくりをはじめる「始醸祭《しじょうさい》」を二月二日に、終了する「完醸祭」を三月六日に行なっている。

春日大社の神酒は、速醸酛と三段掛け法による現代風の酒づくりとなっている。

出雲大社

島根県出雲市にある出雲大社の祭神は、大国主神《おおものぬしのみこと》である。当社の、例大祭、真菰神事、身逃神事、爪剥神事、神在祭、古伝新嘗祭などで神酒が供えられる。

出雲大社の場合、神聖な火を用いることは他の神社より徹底している。大社では宮司を「国造《こくそう》」と称するが、その先祖は天照大神の第二子「天穂日命《あめのほひのみこと》」とされていて、代々の国造は天穂日を祀る人である。「火継ぎの神事」とは国造が死去した場合に、一昼夜以内に行なわれる新国造の就任儀式である。火をおこす「火切り臼」と「火切り杵」を「御火切」というが、新国造は御火切でおこした新しい火で炊いた御飯を食することで、先祖である天穂日命の霊威を身につける。また国造は御火切でおこした聖なる火以外の火で調理した食物を生涯口にすることはできないという、きびしい食物禁忌があった(6)。

また神酒をつくる水は「御饌井《みけい》」から汲まれるが、祝詞を唱え、神饌を供え、神楽が奉納される中で水を汲む。

加藤百一氏によると、出雲大社の神酒は昭和二一―二三年頃までは水酛《みずもと》、つまり今の「菩提酛」であったが、その後速醸酛に改められた。段掛け法ではあるが、掛けは二段となっている。総米二二〇キロ、水二六四キロ、製成酒三五七リットルと多くはない。伊勢神宮とちがってこちらは本当に澄んだ「清酒」となる。得られた神酒のアルコール度数は十八・八パーセントある(7)。

十一月二十三日に行なわれる「古伝新嘗祭」では醴酒が用いられる。米は粥にし、粥と麹の量は同じである。しかし所要日数は二日と短く、糖化も十分に進まないだろうから、アルコール度数も低く、今の甘酒のようには甘くないようだ。

宇賀神社

神酒づくりはふつう神社主体で行なうが、中には氏子の当屋が交代で醸造する例もある。香川県三豊市豊中町にある宇賀神社の祭神は、宇賀魂神《うがのみたまのかみ》と笠縫神《かさぬいのかみ》である。

神酒づくりは、かつては当屋の家において行なわれた。現在では神社の境内にある酒殿（一九六〇年に建築）で、米二俵を原料に年間一石（一八〇リットル）程度つくられ、春秋の祭で信徒に振舞われる。この祭は「どぶろく祭」として広く知られている。

まず酒づくりの奉仕者、醸造容器、道具類の修祓《しゅうふつ》があり、九月八日に神社の境内において造りこみ式が行われる。

濁酒は毎年十月十八、十九日の例祭で参詣者に振る舞われ、二十日の直会は氏子が自宅の米を持ち寄って会食する。当社の神酒は、醪を白酒のように小型石臼で引きつぶして飲む。

明治十三年以後はこうした神社の神酒も「自家用料酒」として課税されることになった。また三十二年以降は自家用料酒そのものが廃止されてしまったが、当社の神酒は、その際陳情によって酒造免許を得、醸造を続けることができた例である(8)。

莫越山神社

莫越山《なごしやま》神社は千葉県南房総市沓見にある小さな神社だが、『延喜式』にも記載があるほど古い歴史がある。

平成二十五年の『房日新聞』(二〇一三・九・十三)の報道によれば、氏子が奉納した地元産米「ヒカリ新世紀」六十キロを原料に、七月二十八日から酛をつくりはじめ、祭の前日である九月十三日には醪を搾っている。ここの神酒の特徴は、今では全国でも数少ない清酒であることである。税務署員の立ち合いの下、氏子総代らが作業を行ない、一升壜にして四十本の清酒を得、翌日の祭では神前に奉納、また神輿の担ぎ手に振る舞われる。アルコール度数は二十度に近く、黄金色で酸味が強い酒であったという。

必要最小限しかつくらない神酒の中でも、原料米が六十キロとは、おそらく日本最小規模の仕込みと思われる。自家醸造の神酒が廃れたのは、税務署もたくさんの神社の酒づくりに一々立ち会う手間が大変だからということらしい。搾ったばかりで、市販清酒のように活性炭を使用して脱色しないから、白ワインのようで二酸化炭素の泡も残るが、これこそ本来の日本酒の姿であろう。

さて現在はもう神酒をつくっていないが、古くからある京都の神社の神饌と酒について少し紹介しておこう。(9)

下鴨神社・上賀茂神社

下鴨神社の正式名称は賀茂御祖《かもみおや》神社、平安京遷都以前からこの地にあり、祭神は玉依日売《たもよりひめ》とその父賀茂建角身命《かもたけつぬみのみこと》である。現在五月十五日に行なわれている葵祭は、昔は賀茂祭とよばれた。平安時代の『延喜式』の時代から、松尾社、大原野社（京都市西京区）とならんで、「賀茂神祭料」として酒一石二斗、あしぎぬ、坩、酒台などが造酒司から支給されている。

葵祭当日の神饌を見ると、

初献―四種。朱塗りの高坏に載せられる。

ぶと、まがり、昆布、長芋、御箸（耳土器という小さな耳型の器にのせる）、神酒。

神饌

御飯、御しる、鱈汁、御塩、御箸　御最花《おさは》、餅

御菜《おさい》　生物　塩引　高盛　鯖　高盛　鱒　切り身
海老　丸
干物
干鯛　高盛
ごまめ
熨斗鮑あも
あゆ
後献御菓子《こうこんおかし》
吹上
吹上
搗栗《かちぐり》

「ぶと」はぶと饅頭ともよばれる。内容がどのようなものであったのか、和菓子史の研究で議論されてきた。『倭名類聚抄』には「ぶと　油煎餅の名」とあって、油で揚げた菓子であることは間違いない。下鴨神社では、小麦粉七、米粉三の割合で水で練ってから、胡麻油で揚げる。一方の「まがり」は練った小麦を紐状にして輪をつくり、たたんで胡麻油で揚げる。その後の和菓子には、油で揚げる菓子はきわめて少ないので、中国から伝来した「唐菓子」の影響が感じられる。

生物は魚の切り身、干物は陰干しにした魚である。

州浜は大豆粉を練り、おこしは米、糯米の粉を練る、吹上も糯米の粉を練ったもので、現在まで続いている。

上賀茂神社の正式名は賀茂別雷神社である。祭神は前記玉依日売が生んだ子で、賀茂別雷神である。『葵御祭供進之神饌諸品色目書』（一八七〇）は、すべて彩色された絵で葵祭の神饌を描いているが、まことに美しい。大蒜《おおひる》、つまりニラ、アサツキ、ニンニクなど香りの強い野草類が含まれていることが興味深い。

技術からみた神酒

神酒づくりの技術にはいくつか特徴がある。まず醸造用水はきわめて神聖視される。境内にある井戸に神饌を供えて祝詞を上げ、仕込み用の水を汲む。米を蒸す火も重要であり、神聖な火でなければならない。出雲大社では木の「火鑚臼《ひきりうす》」と「火鑚《ひき》り杵《きね》」とを摺り合わせて「忌火」をおこす。

かつては麹をつくる特別の麹室が神社にもあったが、手間がかかるので、現在では市販品を使用している例が多い。酒づくりにおいて蒸米に対する麹の割合を「麹歩合」とよぶが、神酒に限らず「造酒司」の酒も麹歩合が高いものが多い。

ごく一部であるが、糖化に麹と麦芽、つまり大麦モヤシを併用した例がある。

また「汲水歩合」、つまり仕込み水の蒸米に対する割合が低いものが多く、その結果粘度が高く、どろりとした、酒というよりヨーグルトのようなものであった。復元された古代酒もそうした特徴がある。中世までの日本語には、酒を「飲む」のではなく、「食べる」という表現があったのもうなずける。

今日の商業的酒づくりでは、蒸米、麹、水を三回に分けて加える「三段掛け」が一般的であるが、仕込み規模の小さかった古代酒は、酛をつくらずに最初にすべての原料を加えてしまう「どぶろく仕込み」が多かった。

酒は微生物の営みの結果であるから、昔の酒は真冬ではなく、まだ気温の高い米の収穫時期につくられることが多かった。当然早くできるが、味は寒造りに比べて劣る。醪の所要日数は、夏は七―九日間、秋は八―十五日間程度である。

今日では醸造まで行なう神社は少なくなり、伊勢神宮すら祭祀用のすべての酒を醸造しているわけではない。醸造のために人を年間雇用するほどの余裕はないのである。そこで経験のある技術者が市販の麹、培養酵母を用いて、市販酒に近い性格の神酒をつくっている例もある。

第五章　室町・戦国時代の京都酒

鎌倉幕府は酒づくりに対して基本的にきびしい姿勢で臨み、鎌倉の町では沽酒《こしゅ》、すなわち酒の販売を禁じる布告がたびたび出された。しかし同じ武家の政権であっても、室町幕府はその財政基盤がぜい弱だったこともあって、むしろ酒屋から積極的に税金を取り立てる方針をとり、酒造業は次第に幕府の重要な税収源となっていったのである。

京都では鎌倉時代の文暦、仁治年間頃から多くの酒屋が繁昌していたとの記述が『明月記』や『平戸記』にあるが、京都酒がその全盛期を迎えるのは、室町時代初期から応仁の乱あたりまでである。応仁の乱によって多くの酒屋は焼失し、一部は地方へ移転せざるをえなかったが、戦国時代の末頃になって次第に復興した。京都の酒屋は日本最初の都市型酒屋の性格を持っていた。後年の江戸では、酒の大部分は関西から輸送された「下り酒」であったのに対し、人口約三十万人の京都に、規模こそ小さいが、三百軒を超える多数の酒屋があり、製造、販売は市街地を中心に行なわれていた。

しかし全盛期も過ぎて京都酒が衰退に向かうと、「田舎酒」と蔑まれていた地方酒が京都市場へも流入してきたのである。

酒屋名簿にみる酒屋分布

室町・戦国時代の京都酒、近畿各地の僧坊酒の実態が明らかにされたのは、東京大学史料編纂所の小野晃嗣氏が膨大な資料を駆使してまとめた『日本産業発達史の研究』（一九四一）[1]のお蔭といえよう。

同書の応永三十二年（一四二五）の洛中酒屋分布図（図5－1）は、たびたび引用されるものである。これをもとにどこに酒屋が分布していたか検討してみよう。

当時の京都市街地は上京、下京を中心に発達していて、あたかも細長い二つの町がつながったような形をしていた。酒屋は、北は一条大路から南は七条大路あたりまで、東は東京極大路から西は大宮大路あたりにかけて分布していた。特に密度が高かったのは、堀川の東西、丸太町から五条あたりである。酒づくりにとって水は重要な要素であるが、このあたりは堀川の伏流水が得られる場所である。現在市内に残っている酒屋もこの辺に立地している。

一方、大宮大路から西側は低湿地で、平安京時代からあまり発展しなかったが、この時代もほとんど酒屋はない。逆に「河東」とよばれた鴨川以東の地域は発展して、八坂神社、清水寺、建仁寺など社寺の門前では多くの酒屋が営業していた。

その他、洛西仁和寺の門前には四軒の酒屋があり、さらに西の大堰川に近い天龍寺、大覚寺、臨川寺など大寺が集まる嵯峨谷には、十七軒もの酒屋があった。こうした酒屋の多くは「土倉《どそう》酒屋」とよばれ、金融業を兼ねるものが多かった。

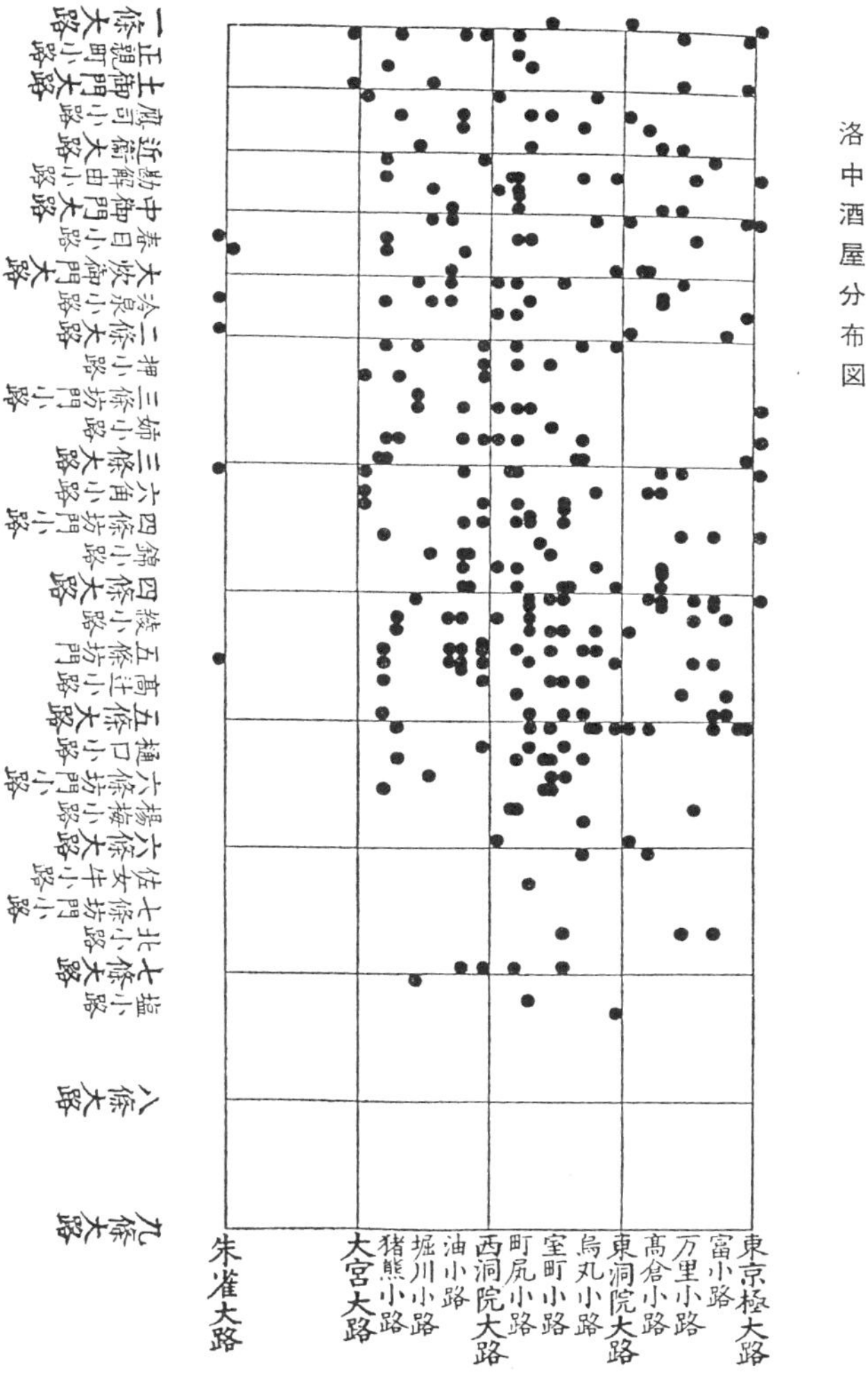

図5－1　京都の酒屋分布図（小野晃嗣、1941）

京都市中の酒屋がもっとも繁栄したのは、応仁の乱以前の約四十年間で、なかでも五条坊門西洞院の「柳」とよばれた酒が有名であった。『蔭涼軒日録《いんりょうけんにちろく》』文正元年（一四六六）七月四日条によると、五条坊門西洞院の酒屋は、毎月幕府に六十貫、年間七二〇貫もの税金を納めていたという。この酒屋は「中興《なかおき》」といったが、一軒で当時の幕府歳入の十分の一以上を占めていることからも、いかに規模が大きかったかを示すものである。

また「柳」は日本で最初の酒銘であった。酒桶には六星紋がつけられたが、後に盗用する同業者が相次いだので、他の酒と区別するために「大柳」と称するに至ったという。その他に大きな酒屋としては、五条烏丸にあって「小原」と号した梅酒屋などがあった。

当時の酒屋は醸造容器にまだ壺や甕を使用していた。造り酒屋に課される税金も、壺一個当たりいくらと決められていた。大きな酒屋では二百個もの甕を有する者があったというが、これは後に発掘調査によって確認されている。

北野麹座

京都で「天神さん」と親しまれている北野天満宮は、菅原道真を祀った神社で、受験シーズンともなればこの学問の神様を参詣する人が絶えない。中世の神社には、祭礼その他に際しさまざまな奉仕をする者たちがいたが、これを「神人《じにん》」という。彼らは俗人の格好をしており、このうち北野神社の南にある西京村の神人を「西京神人」と称した。

麹を使用する酒屋と麹屋は、造酒司の長である造酒正《みきのつかさのかみ》に対し「酒麹役《しゆきくやく》」という税金を納める義務があったが、西京神人がこの酒麹役を免除されたのは十四世紀末頃とされる。酒麹役の免除、麹の製造販売独占は彼らの特権で、「西京神人」、「西京麹師」などともよばれた。中世に多く存在していた「座」の一つである。

先に述べた応永年間の酒屋名簿は、北野神人が自分たちの特権を守るために麹の購入先である造り酒屋の名簿を作成したものであり、彼らは勝手に麹をつくる酒屋を幕府に告発した。応永二十六年（一四一九）、幕府は違反する酒屋の麹室を破却し、以後麹づくりをしないとの起請文を北野神社に提出させたが、その数は残っているだけで五十二通にも達している(2)。

麹は酒づくりの工程において必須のものだが、保温された小部屋や小さな容器があれば、手間はかかるがつくることができる。造り酒屋にしてみれば、自分でもつくれるものを、わざわざ購入せねばならないのはおかしい。やがて造り酒屋たちは自分で麹をつくるようになり、北野麹座との間で紛争が頻発した。

また京都市中の酒屋に販売されていた江州米の価格は、幕府が北野麹座の独占販売を認めたために暴落し、運送業者である近江坂本の馬借たちが被害をこうむる事態となり、彼らと麹座の対立も深刻化した。

「文安の麹騒動」とは、両者の紛争によって文安元年（一四四四）に北野神社が焼失してしまった事件である。麹づくりの特権を守るため、北野神人は前年嘉吉三年頃から幕府に訴訟におよんだ。

彼らは北野神社に籠り、要求が容れられなければ切腹、放火すると脅して目的を達したのである。翌年、今度は東の造り酒屋たちが比叡山延暦寺の援助を受けて強訴におよび、幕府が彼らの要求を聞き入れるとの噂が流れたので、北野神人は「千日籠」と称してふたたび神社に籠った。

　同年四月十三日、今度は管領畠山持国が彼らを逮捕するために兵を派遣したところ、四十人もの死者を出す合戦となり、神人は自ら神社に放火して焼野原となってしまった。『康富記《やすとみき》』は炎上に至る事情と、それまでもたびたびあった北野神社炎上の経緯を述べている。記者中原康富は翌十四日早朝に参詣したが、門から中には入らず、灰燼を拝して涙を流したという(3)。

　しかし麹座の特権は、この事件によって一度にすべてなくなってしまったわけでもないようで、その後天文十四年（一五四五）に幕府は、上京、下京、洛外の酒屋土倉、下京の地下人に対し、北野神社神人の特権を認めている(4)。

公卿の酒・自家用酒

　いつどんな酒がどれくらい飲まれたかの記録は、日記などの生活資料に比較的詳しい記述があるが、庶民の日記を利用できるのは、江戸時代に入ってからである。そこで公卿とはいっても、中流公卿である山科家当主の日記をもとに、当時の京都の食と酒について述べよう。

　山科家は藤原家の分家であるが、代々筆まめな当主が多かった。『教言卿記《のりときききようき》』、『言国卿記《ときくにきようき》』(5)、『言継《ときつぐ》卿記《きようき》』、『言経卿記《ときつねきようき》』など、室町時代の初期から江戸時代の初期にかけて約二百年にわたり書き続けられた日記が残っていて、京都、一部は大坂における公卿や庶民の食生活をたどることができる。また山科家の当主は、仕事柄音楽、装束、儀式作法などにくわしかった。

歴代当主の中では、言国《ときくに》（一四五二―一五〇三）と言継《ときつぐ》（一五〇七―一五七九）が特に酒に目がなく、実によく飲んだ。そのため言継は当時としては長命を全うしたが、言国は若い頃からの大量飲酒のゆえに早死した。

応仁の乱によって京都の町は焼野原となってしまったから、若い頃の言国は隣の近江坂本に住み、用事がある時だけ京都に赴く生活をした時期があった。ようやく平和が回復した文明年間には、将軍足利義政や言国も連日のように参内し、酒宴にあずかることが多かった。「十度飲《とたびの》み」とか「十種酒」といった酒の遊びも盛んで、飲酒文化の発達は戦乱とはあまり関係がない。

「十度飲み」は大盃で十回酒を飲む遊びである。十人で一組をつくり、真ん中に十個の盃を置く。一人ずつ、十個の盃に満たされた酒を飲み終わったら、次の人に盃を廻す。十人全員が早く飲み終えた組の勝ちである。宮中では文明六年三月二十一日に十度飲みが催されたが、言国は早く飲み終えたので、さらに飲まされている。相当酒量に自信がなければ参加できるものではない。

一方「十種酒」は、香道の「十種香」にならった遊びといわれる。参加者をまずくじ引きで左右十人ずつの二組に分ける。あらかじめ三種類の酒を味わってその特徴を記憶しておく。競技では銘柄を隠してこの三種類の酒が順不同で三回ずつ、三×三＝九回注がれる。さらに「客」とよばれるあらかじめ唎き酒をしない酒が途中で一回加えられるから、合計で十回になる。参加者は各自の唎き酒結果をそれぞれ紙に記入する。審判は紙を集め、両組の正解数を数えて勝者を決める。名前通り十種類の酒を飲むのではない。

「十度飲み」の方は酒量を競うだけだが、「十種酒」の方は舌と鼻の感覚が鋭敏でないと正解はむずかしいだろう。これは酒に限らず、お茶などさまざまな飲食物を使って、手軽に遊べそうで楽しい。それぞれ特徴がある灘酒、伏見酒、高知酒の三種くらいなら、私でも当てられそうな気がする。

文明六年（一四七四）三月二十八日、宮中で行なわれた十種酒には足利義政夫妻も参内した。あんまり人が多くて入れない者まで出、昼頃から翌日午前二時頃まで延々と飲んだ。それだけでは終わらず、勝負に負けた者は翌日またお召があった。

宮中の酒宴、茶会はたびたび行なわれた。桜の花を茶に浮かべた「桜花呑《おうかの》み」、夏は朝顔の花見で酒を飲むなど、戦乱の時代であっても貴族の遊びは優雅であった。

もう一つ、「酒迎え」、あるいは「坂迎え」といって、寺社参詣などの長旅から戻ってきた人を途中まで迎え、無事を祝って酒食でもてなす習慣があった。京都では伊勢神宮に参詣する人を東山の粟田口まで送り、帰りは逢坂山まで出迎えたという。しかしだんだん酒を飲む口実にされて、ごく近くへの参詣でも行なわれている。

山科言国は若い頃近江坂本に住んでいたが、文明六年（一四七四）五月、一晩泊まりで石山寺に参詣した。帰ってくると悪友たちが「湯桶《ゆとう》」を用意していて、さっそく酒宴となった。返礼は「かやし」といい、翌日は朝から本格的な酒宴となった。

言国は坂本から京都へ行く際は、急峻な山中越えの道を通ることが多かったが、道中でもよく飲んだ。宮中で酔って腰刀をなくしたこともあれば、妻の実家で大酒を飲んで道でころび、背負われて帰宅するなど、酒の上での失敗も多かったが、人間的な親しみを感じる人物である。

この言国の孫である言継の時代は、公卿の間で「汁講《しるこう》」が盛んだった。現在のビジネスマンが行なう「朝食会」のようなもので、主人が汁を用意し、招待客は飯を持参する習わしだった。多くの場合、その後で酒が出た。汁講の案内は前日使いの者に招待状を届けさせた。汁の中身は狸《むじな》（アナグマか）、鯨、雉、鱈などである。一度だけ、言継邸の簀子縁の下で飼い犬が食い殺した狐を汁にして振る舞うからと友人たちに触れ回らせたことがある。しかし味についての感想はない。おそらくとても臭くて食べられなかったのだろう。

ふだんの酒肴は現代とはかなり違って、餅、吸物、うどん、入麺などでんぷん質である。湯上りに飯と汁だけの「小漬《こづ》け」（即席の軽食）を食べたり、金柑を搗き、鯉を肴に「沈酔」したことも、甘い砂糖餅を肴にしたこともあった。現代とは肴の内容、食べ方がかなり違っている。

山科家は各地からもらいがあり、またふだんの酒は酒屋から購入していたが、正月用の酒は自家醸造することもあった。十五世紀末頃までは、たびたび「手作り酒」に関する記述が日記にある。「手作ノ酒口ヲアケ各ニ酒アリ予ノム也、目出了」（『言国卿記』、文明十年十一月八日条）。

また延徳三年（一四九一）の『山科家礼記』(6)には

「収納酒米水ニ今日入候、六斗五升ニテツクル」（延徳三年九月二十三日条）
「正月酒米水今日入候、一石四斗」（延徳三年十月十三日条）

などとある。麹も自家製だったらしい。この年は十二月二十四日に口を開いた。

手作り酒は清酒ではなく、濁酒だったようだ。江戸時代の自家製醤油は、「中汲み」と称して壺や瓶の中に竹の簀《す》を立て、浸み込んでくる液を汲み取ったが、これと同様の製法だったらしい。

田舎酒

洛中の酒としては、まず先の「柳酒」が挙げられる。洛外でも酒はつくられており、『言国卿記』、『山科家礼記』にも鳥羽から酒をもらったり、樽代を支払った記録があるから、すでに室町時代中頃から洛南の鳥羽、伏見あたりでも酒はつくられていたようだ。近江とつながりが深かった山科家には、「大津樽」もたびたび贈られている。また「摂州酒」は摂津産の酒を指すが、そのうち「平野酒」は大坂平野《ひらの》でつくられていた酒で、天文年間から日記にかいまみえる。さらに出雲の「雲州酒」は明応年間出雲からの客のみやげとして、備後の「尾道酒」はやや時代が下がって慶長年間の『言経卿記』に、「江川酒」ともよばれた「伊豆酒」は駿府（現・静岡）滞在中に言継が飲んでいる。

小瀬甫庵の『太閤記』によると、慶長三年（一五九八）豊臣秀吉醍醐の花見の宴に出された諸国の銘酒として挙げられているのは、加賀の菊酒、麻地酒、天野、奈良の僧坊酒、尾道、児島、博多の練酒、江川酒などであり、もう京都の柳酒は出てこない。かつては「田舎酒」と軽侮された地方酒の躍進と、京都酒の停滞がうかがわれる。

「練酒《ねりざけ》」、あるいは「練貫酒《ねりぬき》」は、筑前博多、あるいは豊後大分の名産である。練り絹のように白く、粘ることからこの名前がついた。江戸時代の「白酒」に近く、醪を臼で引きつぶしてつくる濃厚、甘口の酒だったようだ。白酒は正月用に手づくりされている。

粳米のあられを入れたものが霰酒《あられざけ》、干飯あるいは麹を入れた酒が霙酒《みぞれざけ》といわれ、いずれも奈良名物だった。

味醂は糯米を原料に、仕込み水がわりに焼酎を用いるが、用途は主に料理酒で、「ミリン干」という言葉もすでに慶長年間から見える。

その他珍しい外国産の酒としては、室町時代はじめの応永十三年（一四〇六）に山科教言が将軍足利義満から小壺に入れた「唐酒」をもらって感激したことを記録している。明からの貿易船がこの時期尼崎に入港しており、中国製の酒らしい。当時の日本ではまだ蒸留酒はつくられていなかったが、やがて十五世紀末頃から琉球で泡盛が、十六世紀半ば過ぎには九州でも焼酎がつくられはじめた。永禄年間には言継が「焼酒《しょうちゅう》」を賞味している。蒸留酒が京都に持ち込まれたのは意外に早い。

僧坊酒

僧坊酒とは、名前通り寺院においてつくられた酒を指す。室町時代の初期、十五世紀前半から戦国時代末期の十六世紀後半頃までが最盛期であった。江戸時代に入ると幕府による酒造統制がきびしくなってきて、僧坊酒も次第に姿を消していった。

僧坊酒をつくっていた寺は近畿地方に多い。主な寺を挙げると、

大和　興福寺塔頭大乗院、菩提山正暦寺、中川寺、
河内　天野山金剛寺、観心寺
近江　百済寺《ひやくさい》
越前　豊原寺

などである。多くは規模の大きな寺だが、百済寺、豊原寺など、戦国時代末頃にすでに姿を消し、現在は遺構だけ残っている寺もある。

寺は本来宗教施設であって酒屋ではないし、僧侶には当然飲酒を禁じる戒律もある。それでも酒をつくっていた理由としては、最初は正月用の酒などを自家醸造した、あるいは神仏習合から寺に置かれた神社に供えるためと説明されている。しかし一番の理由は、酒が有力な収入源になることであろう。ヨーロッパでもカトリックのシトー派修道院が酒（ワイン）の醸造によって大きな利益を得ていた例がある。

室町時代の公卿、社家の日記にしばしば登場する僧坊酒は、河内の「天野酒《あまのざけ》」である。天野酒最初の記録は、永享四年（一四三二）の『看聞御記《かんもんぎよき》』である。その品質について相国寺蔭涼軒の『蔭涼軒日録』は、「天野無比類」と絶賛している。

また近江百済寺においてつくられていた「百済寺樽」も、この当時の日記によく名前が見える。現在名神高速道路の路線バスに乗ると、八日市からすぐ東の山中に「百済寺」バス停がある。この寺は天正元年（一五七三）、織田信長軍の焼き打ちにあって伽藍はことごとく焼失して廃墟となり、再建されることもなく現在に至っている。

天野山金剛寺、百済寺、いずれも清冽な水が得られる山間部の寺で、品質のよい酒ができたが、はるばる河内や近江から京都まで輸送するのは大変で、珍しい土産物として小樽に入れて運ばれた程度だろう。僧坊酒ではやがて京都に近い奈良興福寺の酒が人気を集めるようになった。

中世の酒造技術

前述のように、中世の酒造技術に関する記録もまことに少なく、醸造技術史を研究する者には大きな障壁になっている。しかし、ごくまれに産地から遠く離れた思わぬ場所で、技術資料が見つかることもある。

河内国天野山金剛寺でつくられていた僧坊酒「天野」に関しては、常陸国佐竹郷から出て、後に秋田藩主となる佐竹家に残された文書、『御酒之日記《ごしゆのにつき》』中にそのつくり方が述べられている。『御酒之日記』は、小野晃嗣氏が、『日本産業発達史の研究』中で紹介したものであるが、謎の多い中世の技術をうかがい知ることができる数少ない資料となっている。

小野氏はこの文書の成立年代を、永禄九年（一五六六）よりも前としたが、その根拠は東京大学史料編纂所が所蔵する色川本の筆写年が永禄九年であることによる。原本成立はもっと古く、長享三年（一四八九）、あるいは文和四年（一三五五）とする意見もある。『御酒之日記』は大変短い文章であるが、「御酒」、「あまの（天野）」、「ねりぬき（練貫）」、又きかきの煎様」「菩提泉《ぼだいせん》」、「ねりぬき、きかきの煎じ様」、「菊酒日記」などの諸項目がある。(7)

冒頭に「御酒之日記　能々口伝可秘く」とあるように、これは口伝、秘伝であり、広く公開されていたものではない。以下、現代語訳してその内容を検討してみよう。

㈠ 御酒

　白米一斗を一夜冷やし、明くる日によくよく蒸すこと。麹は六升ずつの加減、人肌の温かさにし、合せてつくり入れる。宵から冷やしておいた水をつくり入れる。水は人肌くらいで、上から一斗はかって入れる。莚をかぶせ、六日程置くこと。発酵が進んできたら、攪拌する。丁寧に桶のへりまで攪拌すること。昼は二度ずつ攪拌し、辛味が出てきたら、水麹をすること。その時に前のように米一斗をよくよく蒸すこと。それをよくよく冷まし、湧いた酒の中におだい（ご飯）を入れる。それから日に二度ずつ攪拌する。また静まったら、攪拌棒を引くこと。蓋を作らせよ。これは口伝である。

平安時代造酒司の「御酒」は、「しおり」操作を繰り返すことで徐々にアルコール濃度を上げていくものだったが、こちらの「御酒」づくりは、「添」操作を述べた最初の文献とされている。『延喜式』から『御酒之日記』が書かれるまでの数百年間に、日本酒づくりは大きく変化したわけだが、それがいつであったのか、特定はできない。

但し添は一回にすぎず、掛米も酛と同量にとどまる。

白米を「能々むすべし」とあるのは、精白度が低く、玄米に近いものだからであろう。蒸米一斗に対し麹は六升（六割麹という）と、比率は後年よりもはるかに高く、また水も「人肌」（三十七度）くらいの高温で仕込む。六日後、発酵が進み、二酸化炭素の泡が激しく出てくる。「成り出キ候」は、今日いう「膨れ、湧きつき」の状態であろう。ここで品温を下げるために櫂入れをする。

次の「辛味が出る」とは、アルコール発酵が進み、糖分の甘味がなくなって辛味が感じられるようになる状態を指す。「水麹」とは、麹を水に漬けて糖化酵素を溶出させる操作で、麹を加えるのと同様の効果がある。

さらに米一斗をよくよく蒸す。蒸米を今度はよくよく冷ます。最後の「ふたを作らせよ」は、醪表面にいわゆる「もろみ蓋」をつくらせよということである。

㈡　あまの

「にか（わらか）」もない「のうまい（能米）」（玄米）一斗を一夜冷やす。明くる日よく蒸し、これも冬の酒であるので、人肌くらいの温度にし、麹六升を合わせて作り入れる。水一斗ばかりを入れ、莚をかけて置くこと。四、五日して中がゆるく、発酵が進んできたら、攪拌する。これも辛味が出てきたら、宵から米一斗を冷やし、明くる日によくよく蒸し、これも莚の上でよくよく冷まし、麹六升を合わせ、以前つくった酒に入れる。水一斗を入れ、かき混ぜる。発酵が進んで湧き出したら、甕二個に汲み分ける。それぞれの甕に、米三升を蒸して掛ける。麹は以前通り六升である。口伝であるから、秘密にすること。

「あまの」は、河内の天野山金剛寺でつくられていた僧坊酒である。冬につくる酒である。原料は玄米であるから、時間をかけて蒸している。同書ではまだ蒸米、麹、水を二回に分けて加えており、掛けは二回となっている。蒸米に対する麹の割合(「麹歩合」)は六割で、その後の日本酒よりも高い。

㈢ 菩提泉《ぼだいせん》

白米一斗を澄む程洗うこと。その内一升を取って飯にする。夏であれば、その飯をよくよく冷ますこと。飯を笊《ざる》に入れて冷まし、生米の中に置くこと。口を一日包んで一夜置く。三日目に別の桶をそばに置いて、上の澄んだ水を汲み取ること。その時中の飯を上げてよそに置く、それから下の米を上げてよくよく蒸すこと。夏であればよくよく冷ます。麹は五升、その内一升を取ってよそに置く。一升の麹と一升の飯と合わせて半分桶の底に敷く。残り四升の麹は飯ともみ合わせてつくり入れる。その時に前に汲んでおいた水を一斗はかって、上から入れる。その時に以前残った飯を上から拡げて置く。莚で口を包み、七日間置く。この酒は七日間で出来るが、まだ用いないのであれば、十日までもつ。

後に「菩提酛」、「笊《いかき》酛」という言葉が使われるのは、この技法が奈良の菩提山正暦寺においてはじまり、また竹で編んだ笊（笊籬《いかき》ともいう）に飯を入れるからといわれる。あらかじめ原料米の一部、ふつうはその一割を取って蒸し、飯にする。こうすると飯は乳酸発酵を受け、乳酸が生成する。これは決してよい臭いとはいえないが、乳酸酸性下で雑菌の増殖は抑えられ、腐敗が起こりにくくなって、酵母によるアルコール発酵が順調に進む。七日間でできるとあるが、夏場の早づくり酒に適した安全、確実な方法である。「湧き静まる」とは発酵の終了を示す。

明治時代の末に乳酸を添加する「速醸酛」が誕生し、現代の酒はほとんど速醸酛を使用するが、最近奈良の酒造メーカーがこの菩提酛を復元している。

㈣　きかき

黒米（玄米）一斗を一夜冷やす。飯を熱い内にこか（甕か）に入れ、その上に沸かした湯一斗をはかって入れる。「まぜ木（攪拌棒）」で混ぜる。取り出して一夜さますこと。麹はふつうの麹六升つくる。もみ合わせてつくり入れる。一日に二度ずつまぜる。湧き静まったならまぜ木を引き、ふたをつくらせる。この酒は二十日ででき上がる。

「きかき」という酒の内容は不明である。飯を熱い内にこか（甕か）に入れ、その上から湯を注ぐから、かなり高温での発酵と思われる。「湧き静まる」とは、発酵が終了して二酸化炭素の泡がもう出なくなった状態である。「蓋をつくらせる」とは、いわゆる「もろみ蓋」のこと。

(五) ねりぬき

「ねりぬき(練貫)」は、九州博多名産の酒で、後の白酒の元になったといわれる。

霜月(旧暦十一月)はつくらない、正月からつくる酒である。白米一斗を澄むほど洗うこと。この内一升を取り、飯にする。飯はよくよく冷ます。笊に入れて冷やし、生米の中に入れて口を包んで七日置く。七日目に水の上のかびをよくよく取ること。その水を汲んで、釜に十分に入れて、八分くらいになるまで煎ること。別のこかに蒸しておいた飯を熱い内に入れる。沸かした湯を一斗はかって上から入れる。その時から一時間ほど置いて、ねり木を入れて攪拌する。その時に取り出して、一夜冷ます。麹も白米も六升、合せてつくり入れる。一日に二度ずつ混ぜる。湧きしずまったなら、ねり木を引き上げる。蓆で口を七日包んで置く。先の一升の飯と麹を合わせ、つくり入れてある上に置く。二十日間でできる。

原料に玄米ではなく、白米を使用していることが目を引く。先の菩提泉と同様、白米の一割を取って、飯に炊き、笊に入れて冷やし、生米中に置いておく。こうすることで乳酸発酵が進む。

ねりぬき・きかきの煎様

四月二十五日、酒の煎じ様は「飲み燗」程度に、五月二十五日「手引き燗」にして上の泡をよくよく取ること。六月二十五日、前のようにこの酒を手引き燗に煎じ、およそ七日口を包んで置くこと。息を出さないように。二番の煎じ様は、いずれも手引き燗に煎じること。煮る時上に泡が立ったなら、よくよく泡を取ること。「むかわり時」（一周年）までもちこたえる。口伝であるから、秘密にすること。

日本酒はきわめて腐敗しやすい酒であり、それを防ぐために、昔から「火入れ」と称する低温加熱殺菌が行なわれてきた。酒を釜に入れて、直接加熱するのであるが、この記述は、旧暦四月末から一か月おきに酒を加熱する温度を示している。「飲み燗」は飲む程度の燗、また「手引き燗」とは酒の中に手を入れ、三度かき廻して熱いと手を引っ込めるくらいの温度を指す。次第に温度を上げていくことがわかる。煮る時上に泡が立ったらよく取れと指示しているが、酒中のタンパク質が熱で変性するくらいのかなり高温である。火入れ後は「いき」（アルコール蒸気）を逃がさないように、口を包めというのも合理的である。

日本酒火入れの初出は、戦国時代末永禄年間の『多聞院日記』だとする説が一般に広く受け入れられているが、『御酒之日記』の時代まで遡れる可能性がある。

京都東福寺雲隠軒主太極の日記『碧山日録《へきざんにちろく》』応仁二年（一四六八）正月十七日条には、記者が西国からの客から聞いた話として豊後に練貫という名の香酒を産し、その性濃醇、万里数旬を経ても味が変わらないので、中国（明）に行く者は多くこれを積むという記事がある。(8)『御酒之日記』が述べる念入りな火入れ法が、練貫が日持ちのよい酒だった可能性を示唆している。

『御酒之日記』は短い資料だが、この時期の日本酒がすでに古代酒の「しおり」方式を脱して、「添」(掛け)方式へと移行していたことがわかる。しかし、添の回数はまだ少なく、規模も小さかった。醸造容器が大桶でなく、甕や壺であればこれでもよい。また蒸米に対する麹の割合(麹歩合)が高く、加える水(汲水)の量も少なかった。原料米は玄米、白米の両方が使用されており、夏場の酛づくりはむずかしいので、飯を乳酸発酵させる安全確実な「菩提酛」が用いられた。酒の保存性をよくするために、一部では低温加熱殺菌もはじめられていたようである。

『御酒之日記』はその成立年代を特定できないことがきわめて残念であるが、中世から近世への移行期の酒造技術を探るきわめて貴重な文献である。

奈良僧坊酒の技術

奈良僧坊酒のうち、菩提酛を用いる「菩提泉」は、奈良郊外の菩提山正暦《しょうりゃくじ》寺においてつくられた酒である。正暦寺は最盛期には僧坊八十余を有した大きな寺で、寛政三年(一七九一)の『大和名所図会』からもその様子をうかがい知ることができる。しかし次第に衰退し、現在では塔頭は福寿院のみとなっている。

奈良僧坊酒については、「酒有好悪。自興福寺進上之酒尤可也」と興福寺の酒は『蔭凉軒日録』でも絶賛されている。これも戦前小野氏が注目して紹介された資料であるが、興福寺の塔頭多聞院において書き継がれた日記、『多聞院日記』が有名である。(9)

記述は文明十年（一四七八）から元和四年（一六一八）まで百数十年にわたり、記者は長実坊英俊（一五一八―一五九六）ら三人と推定される。内容は奈良をめぐる政治情勢、寺のさまざまな行事の記録などである。その間に農作業、味噌、醤、酒など発酵食品づくり記録なども挿入されているが、カタカナ交じりのごく短い文章で、先の『御酒之日記』に比べれば作業メモ程度といった感じがする。

私も最初大いに期待してこの日記を読んでみたが、これで一体何がわかるのかと、絶望的な気持になったことを覚えている。今日の学生の実験ノートよりも簡単な記述である。しかし、酒、醤、味噌など発酵食品に関する記述をすべて書き出して、時系列で整理、分類し、技術の内容を検討し、どんなものか考えているうちに当時の発酵食品の有様がおぼろげながら見えてきた。酒について見てみよう。

永禄十二年（一五六九）の夏酒仕込みに関する記述は以下の通りであるが、順に追ってみる。日付は旧暦で、現在の太陽暦より約一か月遅い。

二月二十二日条「夏酒入了、二斗、水二斗四升入了」

この日夏酒の仕込みをはじめた。酛の段階で蒸米は二斗、水を二斗四升加える。麹の量については記載なし。

三月八日条「少ツホ酒口足了、二斗入」

壺の酒に蒸米二斗を加える。「口足了」とは今の「初添」のことである。

三月十八日条「酒口白四斗足也、合六斗也」

さらに蒸米四斗を加えるが、先の二斗と合わせて合計六斗となる。これが「仲添」である。

三月十九日条「酒口四斗足之、三度ニ合白一石入了」

翌日の「留添」で蒸米四斗を足すので、三度で合計一石となる。麹と水の記載はないので、他の年の仕込み記録から比率を推定するしかない。

五月九日条「酒上了、ツホ一ツニ袋十八ニテ皆上了」

酒上了、つまり酒ができ上がったので、壺一つ分を酒袋十八を用いて搾る。上槽という。これで清酒が得られる。

五月二十日条「酒ニサセ了、初度」

「酒ニサセ」とは酒を低温で加熱する「火入れ」のことである。「初度」は第一回目だから、さらに二度、三度と行なったと推測できる。

『多聞院日記』中で「諸白《もろはく》」という語は、天正四年（一五七六）にはじめて登場する。また天正十年（一五八二）、近江安土城における戦勝祝賀の宴に、興福寺から諸白三荷と盃台を献上して織田信長から称賛されたことを喜ぶ記事がある。

日本酒の低温殺菌法である「火入れ」は、先の『御酒之日記』が最初と思うが、前述のようにその成立年代は特定できず、一般には『多聞院日記』が最初のものとされている。火入れに関する記

事をもう少しくわしく見ると、以下五か所にある。(10)

①「第一度酒ニサセ樽へ入了」　永禄十一年（一五六八）六月二十三日条
②「酒ニサセ了、初度」　永禄十二年（一五六九）五月二十日条
③「酒煮之、初度七斗程在之、一向不勝」　元亀元年（一五七〇）五月二十二日条
④「酒ヲニサセ了、初度也」　元亀二年（一五七一）六月十六日条
⑤「酒ヲニサセ了」　天正二年（一五七四）五月十三日条

まず酒を煮る、つまり火入れ殺菌したのは梅雨に入った旧暦五月半ば以降であり、そろそろ夏酒腐敗のおそれが出てくる時期である。また「初度」、「第一度」という記述から、火入れは二回以上行なわれていたことがわかる。江戸時代に入ると、火入れは四、五、六月と一か月おきに三回行なうのがふつうだった。「酒ニサセ了樽へ入了」からは、加熱後酒を直ちに樽に詰めたことがわかる。これで火入れは一五六八年以降に実施されていたことを特定できるが、加熱温度、時間、操作法などは一切不明である。むしろ先の『御酒之日記』の方が操作についてはくわしい。

十六世紀半ばの永禄、元亀年間は、さまざまな新技術が取り入れられた時期であり、「諸白づくり」、「三段掛け」、「火入れ」などが行なわれている。しかし、段掛けといってもその規模はほぼ同一で、総米高はおおむね二石未満だった。仕込みに使われた容器は通常壺で、容量も一石未満だった。「正月酒」とあるように、その目的は自家消費であったと思われる。

興福寺など大寺院は、何百人もの僧侶をかかえ、広大な領地からは年貢米も運びこまれた。山の畑で野菜を栽培し、醤や味噌など調味料も自家製だった。あまり注目されていないが、実は『多聞院日記』は酒よりも醤、味噌など大豆発酵食品の製法の方が詳しいのである。

江戸時代初期までは「南都諸白」、つまり奈良産の諸白とは高級酒の代名詞だった。『本朝食鑑』(一六九七)も和州南都の造酒が第一とされる、と述べているが、幕府がきびしい酒造統制を行なったこともあって、やがて奈良の僧坊酒も衰退した。元禄十年の『元禄覚書』によれば、奈良の酒屋数は一一一軒(内休株五十軒)であり、休株が占める比率の大きさがその衰退を示している。奈良の技術は、その後和泉国堺や摂津国北部へと伝えられた。元禄期の酒造技術書『童蒙酒造記』(一六八七年頃)も、「奈良流は酒づくりの根源というべきものである。ゆえに諸流派がここからおこり、それぞれの家を立てたもっとも大切な流派である」と述べている。奈良流の特徴は添を四回行なうことである。

宣教師の記録

フロイスの『日本史』によると、永禄三年(一五六〇)に入洛したポルトガル人神父ガスパール・ヴィレラと日本人従者ダミアンは、貧民街の掘立小屋に住み、自ら米を搗き、蕪の汁と塩漬け鰯の粗末な食事をしながら、熱心に布教を続けた。

カトリックでは毎日パンとブドウ酒を神に捧げた後、ブドウ酒を飲み、パンを食べるミサ（聖餐式）を行なう。ここでパンはイエスの身体を、ブドウ酒は血を意味する。ダミアンは毎日ヴィレラ神父のために酒（日本酒）を買いに行かねばならなかった。というのは、酒は翌日までとっておくと酢になってしまったからである。その時ダミアンは片手には鰯を、片手には瓢箪をぶらさげていた。また後に洗礼を受けて改宗し、ファビアン・メゾンと名乗った老禅僧は、ヴィレラに、「朝あのように冷たいまま酒を召上るのは身体に障るのではないですか、手を温めたり、酒の燗をするために茶の湯の釜をお送りしましょうか」と申し出たほどであった。貧しい神父が求めた安酒はすぐに腐って酢になりやすいこと、また彼らがブドウ酒がわりに日本酒を使ったことがわかる。ところでパンの代用品は何だったのだろうか。

後に借りて移り住んだのは四条烏丸の掘立小屋であり、まわりには公衆便所がいくつもあって悪臭がひどく、また床は裸土で床張りもなく、わらの上に寝るというひどい生活だったから、ヴィレラは病気になるほどだった。この家の家主の収入源は酒の販売であり、酒の優秀さゆえによい顧客を持っていたと述べられている。

酒屋の発掘調査

平成十七年（二〇〇五）四月二十三日、京都市埋蔵文化財研究所の手によって前年から発掘調査が行なわれていた「平安京左京六条三坊五町跡」の現地説明会が行なわれた(11)。ここで室町時代の造

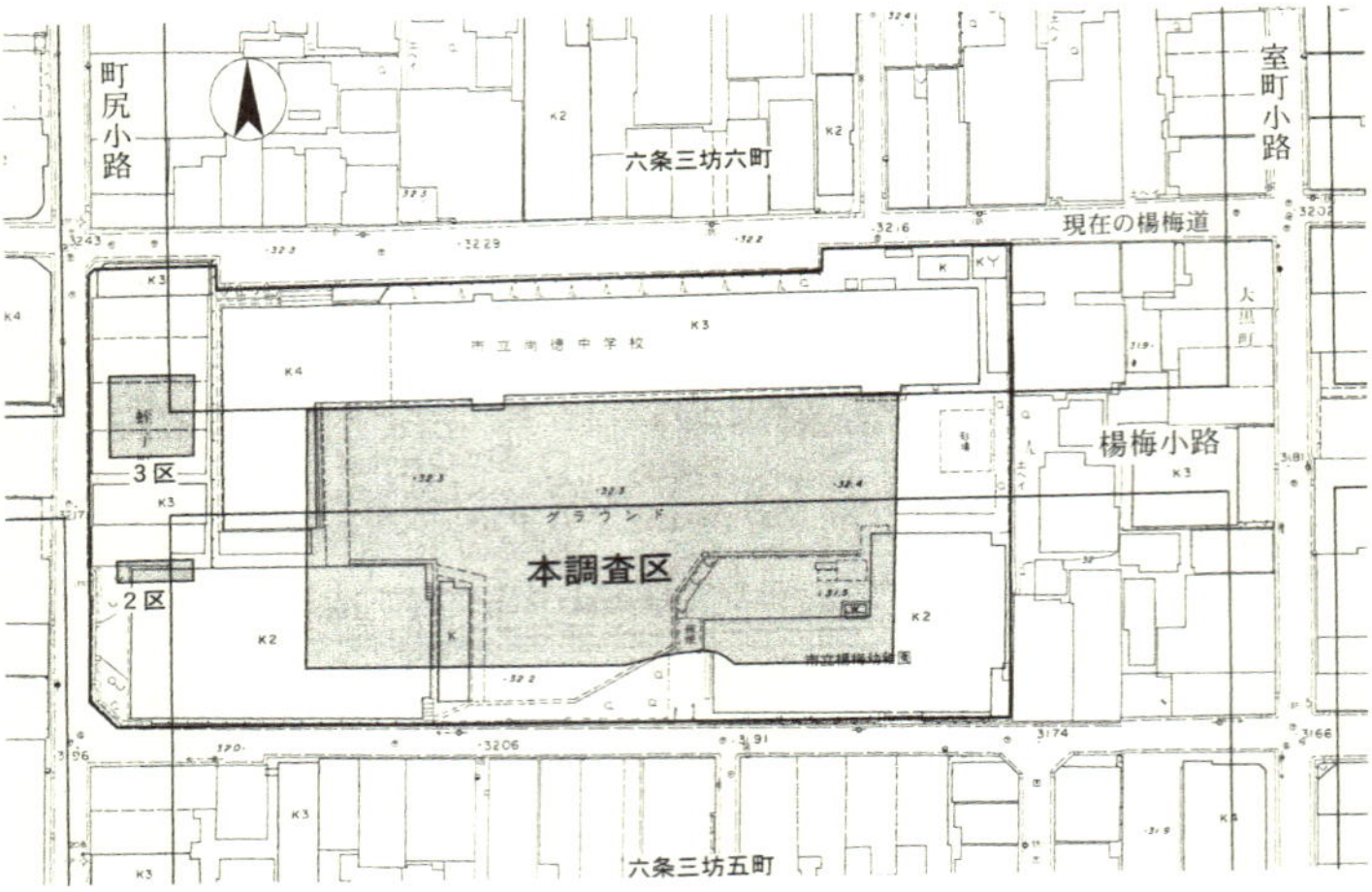

図5－2　調査区と平安京条坊の関係

り酒屋の遺構が出土したという。現住所は下京区楊梅《やまもも》新町東入る上柳町二二四番地で、烏丸五条の交差点から一筋南の楊梅通を少し西へ行った場所である（**図5－2**）。今は市立尚徳中学校が建っているが、同校のグラウンド約二二五〇平方メートルが発掘調査されたのである。

市街化が進む京都市の中心部で、これほど大きな発掘調査は今後はないだろうと、当時いわれたものである。室町戦国時代の酒屋遺構を直接見ることのできるまたとない機会である。新聞社からの連絡を受け、私もさっそく説明会に駆けつけた。気持が弾むようなさわやかな新緑の日だった。行ってみて、まず遺構の広いことにびっくりした。現場は深く掘り下げられ、酒甕を据えた穴が規則正しくずらりと並び、一部には底が割れた甕も見えている（**写真5－1**）。

発表された発掘調査の結果は、以下のようなも

写真５－１　酒蔵の発掘（2005）

のだった。調査区の中央部には、東西十四メートル、南北十六メートルの範囲（甕群１）に甕を据え付けた穴約二百基が見つかった。円形の穴の直径は〇・六メートル、深さは〇・四メートルほどであり、いくつかの穴の底には、常滑焼の甕の底部が残っていた（写真５－２）。復元すると、甕の高さ八十センチ、腹周り直径八十センチ、内容量は二五〇リットルと推定された。甕群１をはさんだ東西の両側に小さな柱穴（直径〇・四メートル、深さ〇・三メートル）が密集していて、礎石のない、地面に直接柱を埋め込む掘立柱建物があったことがわかる。

この甕群１の北西部にある甕群２にも、甕を据え付けた穴が、東西四基、南北五基発見され、備前焼の甕が出土した。

井戸も十九基見つかり、うち四基は井筒を石で積み上げた石組井戸だった。

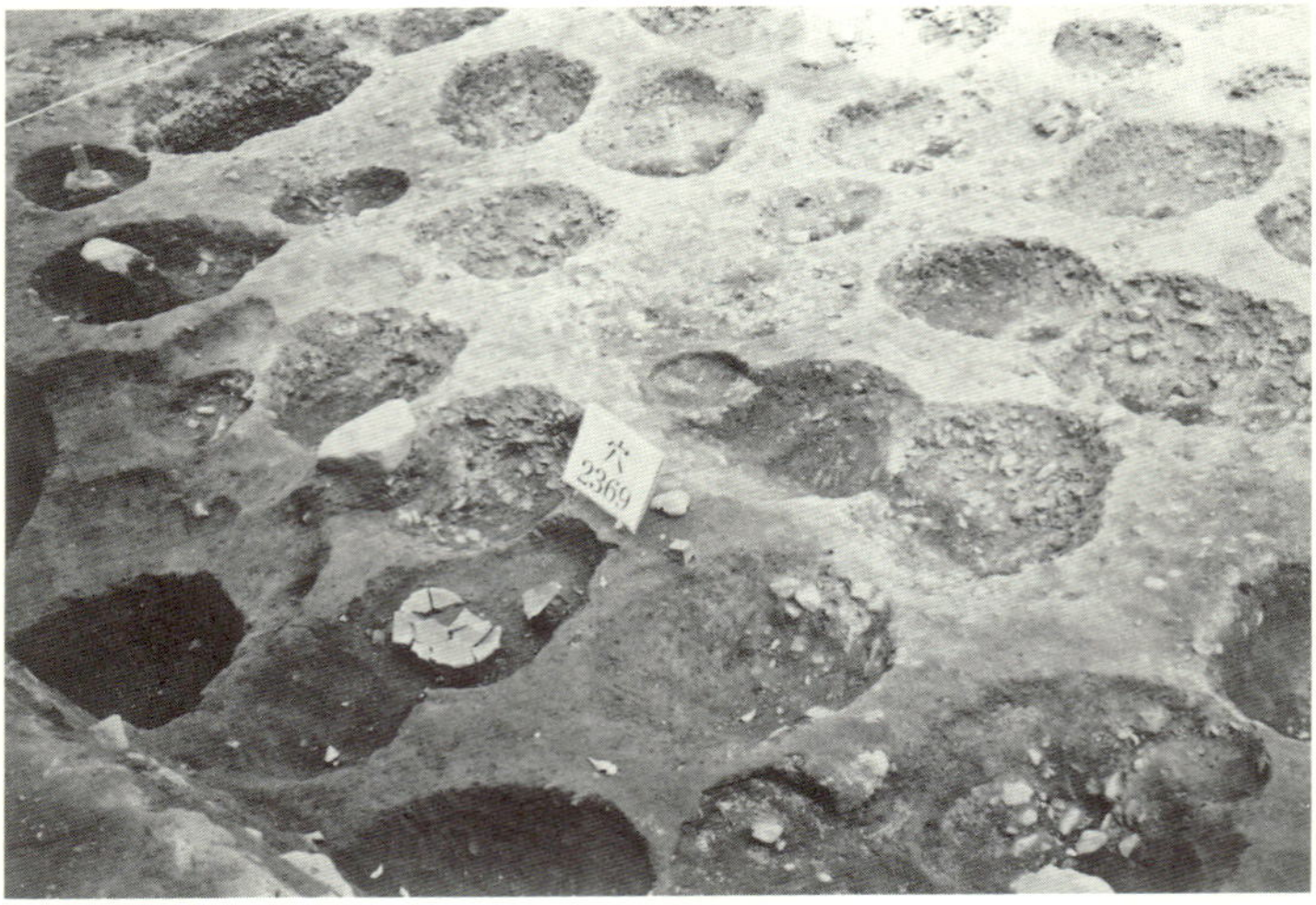

写真５－２　甕を埋めた跡（2005）

まだ大型の木桶が普及していない中世の末頃から、容器として広く用いられていた容量一—三石程度の常滑焼や備前焼の大甕が規則的に多数埋められ、付近には井戸もある。遺構の可能性としてまず考えられるのは、造り酒屋だろう。甕を地面に埋めた商売としては、他に藍染めをする紺屋、油屋などもあるが、内部に残存する藍や油の成分は微量であっても化学分析により同定可能であろう。

この遺構が造り酒屋であることを裏付ける文献資料もある。前述のように北野神人は京都の麹づくりを独占する麹座を有しており、造り酒屋は麹をつくることができなかった。応永二十六年（一四一九）十月の『北野天満宮文書』には、この場所「やまももまち（楊梅町）きたにしのつら（北西頬）」の酒屋が、今後麹をつくらない旨を誓約した文が見出せる。[11] 頬《つら》とは道路に面した側という意味である。

三年後の平成二十年（二〇〇八）五月、今度は市内のより中心部で室町時代前期の酒屋遺構が発掘された[12]。場所は烏丸綾小路西入る（現・京都市下京区童侍者町　平安京左京五条三坊九町）、某銀行の仮店舗跡地である。

遺構は京都らしく、間口約十メートル、奥行約三十メートルもあるウナギの寝床形であったが、東西約五メートル、南北約十メートルの範囲に甕を埋めた穴が六十六個も見つかった。うち十七個の穴には常滑焼甕の底部が残っていたが、すべて割られていた。その理由は、麹の密造に対し幕府が制裁として酒甕を破却したからだろうと、同年八月七日付の全国紙は大きな見出しをつけて報道している[13]。北野麹座が持つ特権を侵して麹を自らつくりはじめた酒屋に、幕府が制裁を課し、高価な酒甕をすべて破却した可能性は十分考えられる。

もう一つ興味深かったのは、地下式倉庫らしき遺構が出土したことである。東西約五メートル、南北約二・五メートル、深さ約一メートルあり、板壁をとめた杭の跡、簀子の根太を支える礎石が残っていた。これはおそらく麹室と思われる。江戸時代の遺構から地下式麹室が出土した例はあるが、室町時代のものははじめてと考えられる。

室町時代のはじめから戦国時代の末頃にかけては、京都酒屋の全盛期であり、市街地中心部の四条烏丸あたりには特に裕福な酒屋が集中していたことは、フロイスの述べるとおりである。大きな酒屋は酒甕を二百個も持つものがあったと言われるが、発掘調査の結果も文献資料の記述を裏付けている。

日本で木桶が本格的に使用されはじめるのは、戦国時代の末頃とされている。奈良興福寺の塔頭、多聞院において書き継がれた『多聞院日記』を読むと、この時代、まだ甕、壺、桶が併用されている。それまで酒の醸造容器として用いられていたのは、小型の壺、あるいは甕だった。壺は保温のため醸造シーズン前に、酒蔵の土間に埋められていた。陶器製の甕の容量は、最大でも三石（五四〇リットル）程度であり、これより大型のものを製造するのは技術的にきわめて困難だった。

発掘調査ではしばしば大型の甕が出土するが、用途として考えられるのは、酒甕、油甕、藍甕、さらに貯蔵庫としての甕倉などである。甕の多くは釉薬をかけないいわゆる「非施釉」の常滑焼か、備前焼である。現・愛知県常滑市で焼かれた常滑焼は、すでに十二世紀にはじまり、十三世紀には全国に流通し、大型の甕は十四世紀前半頃までに製作されたものが出土している。一方、備前焼は現・岡山県伊部町を中心に製作されたもので、十四世紀後半に出現し、最盛期は十六世紀後半から十七世紀はじめまでの約六十年間であり、その後衰退した。備前焼でもっとも多いのは容量二石の大甕であり、京都の酒屋遺構からも常滑焼、備前焼の甕が出土した。

多聞院と伏見酒

戦国時代の末頃から南都、つまり奈良の酒の評判は高かった。「諸白」は麹米、蒸米の両方に精白米を使用することからつけられた名称である。『多聞院日記』で「諸白」の初出は天正四年（一五七六）で、以後も他の塔頭は出入り商人との間で贈答品としてやり取りされている。但し最高級酒であるゆえに登場する回数は多くない。またその容器も「錫《すず》」とよばれた錫製の容器、瓶、徳利などの小型容器に限られており、桶や樽はない。

以後の永禄、元亀年間に奈良では酒造技術の革新が行なわれたわけだが、織田信長が武田勝頼を滅ぼし、近江安土城に徳川家康を招いた天正十年五月の宴会においては、興福寺から三荷（一荷は天秤棒で担げる荷物二個）の諸白が献上され、信長によって称賛されている。

奈良僧坊酒の全盛期は慶長年間あたりまでだったが、慶長四年（一五九九）には、奈良興福寺の諸塔頭と京都伏見の酒屋との間で共同生産が行なわれている事実は注目すべきであろう。『多聞院日記』慶長四年の記者もまた酒好きであり、酒づくりに大きな関心を寄せていたことが読み取れる。多聞院では酒づくりが上手な寺男の弥三を中心に、忙しい時には他の寺男たちも加わって作業をした。この年正月半ばから弥三は度々伏見に赴き、「伏見樽」を奈良へ、逆に奈良の酒を伏見へと運び、多聞院では両方の酒の飲み比べも行なった。

三月末にかけての春酒仕込みは大規模なものであり、一度に二石五斗もの米を搗かせたこともあるし、伏見へ送る酒は「ヲカヤ」で漉している。ヲカヤは大和郡山の酒屋であるが、ヲカヤの主人

がたびたび多聞院を訪れていること、また弥三が後でヲカヤに代金を支払いに赴いていることから
この年の酒づくりは、興福寺の諸塔頭と郡山のヲカヤ、伏見の酒屋とで共同事業が行なわれたもの
らしい。

慶長四年は関ヶ原合戦の前年であり、桃山大地震によって倒壊した伏見城も再建されて町も繁栄
し、酒の需要も大きかったためであろう。これは当時全盛期にあった奈良酒から新興生産地伏見へ
の技術移転があったことを示唆する記録である。

第六章　江戸時代の京都酒

江戸時代の「三都」とは、江戸、京都、大坂（大阪）を指している。京都と大坂の人口はおよそ三十万人程度と推定されるが、人口百万以上を擁し世界一の巨大都市となった江戸に比べればずっと規模は小さい。京都は都とはいえ、政治の中心は、幕末の一時期を除けばもはや江戸に移った。歴史研究においても、庶民の生活で取り上げられるのはまず江戸であり、京都の庶民生活や飲酒に関する研究は意外に少ないのである。

江戸時代初期までは、京都はまだ手工業の中心地だったが、次第に衰退していった。十八世紀も末頃になると、江戸の文化人による京都批評がいくつかあるが、いずれもなかなか辛辣である。たとえば幕臣二鐘亭半山《にしょうていはんざん》が著わした『見た京物語』（一七八一）などは、京都を「花の都は二百年前にて、今は花の田舎たり、田舎にしては花残れり」と揶揄している。たしかに江戸っ子から「花の田舎」といわれても仕方のない状態になりつつあった。

京都は仏教各宗派の本山、神社仏閣、名勝地が多いことから、上洛する観光客もふえ、金閣寺などは拝観料を徴収していた。京都はいわば平安京以来の遺産で食べている町なのであり、観光都市の性格はこの時代に決定されたといえよう。

さらに江戸時代の京都は、「天明の大火」（一七八八）などたびたびの大火によって大きな被害を出した。その結果、西陣織などの先進的技術が地方に流出し、やがて地方の産地が台頭して競争に敗れるようになった。酒に関しても同じで、室町時代は日本一の酒として地方で評価の高かった京都の酒であるが、伊丹、池田、灘など関西の新興生産地におされ、また特に目立った技術革新もなく、消極的な販売に終始して、次第に衰退していった。

小さな酒屋

京都では相変わらず狭い市街地に数多くの小酒屋が立ち並び、生産地と消費地が直結していた。画家住吉具慶《すみよしぐけい》（一六三一—一七〇五）晩年の作と思われる『洛中洛外図巻』を見てみよう**（カバー図版参照）**（1）。酒屋の入り口には杉の葉でつくった看板、酒林《さかばやし》と、価格表が掲げられており、今しも暖簾をくぐって出てきた男は手に酒桶を持ち、いかにも満足気な表情である。京都風の虫籠《むしこ》づくりの窓からは、中の仕込み桶が見え、裏手の酒蔵にも大桶、酒船、升らしきものが並んでいる。この絵を見て驚くのは酒蔵がまことに小さいことで、左手の型染屋とはわずかに塀一つを隔てただけの町屋である。

「キンシ正宗」発祥の地、堺町二条の「キンシ正宗堀野記念館」を訪れると、こうした江戸時代の酒屋の雰囲気を偲ぶことができる。間口が狭く、奥行が長い、いかにも京都らしい敷地である。当主の自宅は堺町通に面し、酒蔵は敷地の一番奥にある。「天明蔵」は天明元年（一七八一）の創業以来、約百年間にわたって酒づくりが行なわれていた酒蔵であるが、土壁の厚さは五十センチもあり、きわめて耐火性、保温性に富んでいる（写真6－1）。まさに住吉具慶が描いたような蔵である。文政年間に建てられた「文庫蔵」もある。各種の酒造道具が展示されており、急な階段上には重量物を引き上げるのに使用した「阿弥陀車」が見える。昔の京都の町中の暮らしぶりを知ることができる。

狭い町中に小さな酒屋がひしめく状況は、明治初年から昭和後期になってもあまり変化することはなかったが、小さな酒屋は次第に衰退して廃業へと追い込まれ、一部は伏見への移転によって規模を拡大し、今日に至っている。

写真6－1　天明蔵（キンシ正宗堀野記念館、2015）

酒造株制度

ここで江戸時代の酒株制度について少し述べておこう。もちろん誰でも自由に酒づくりができたわけではなく、免許制であった。造り酒屋は奉行所に届け出て許可を受け、「酒造株（酒株）」とよばれる鑑札をもらってはじめて酒づくりができた。この鑑札に書かれている酒造米の量が「酒造株高」であり、一方「酒造米高」とは実際酒づくりに使用した米の量である。原則として酒造米高は酒造株高を超えることはできないが、実際には酒造株高の何倍もの米を消費している酒屋が多かったのである。できる清酒の量は、使用した米のおよそ一・五倍程度になる。

最初の酒造株は江戸時代初期の明暦三年（一六五七）制定とされるが、ふつうこれを「元株高」という。幕府はこの元株高を基準にして、その後寛文、元禄、天明年間と何回か「株改め」を実施した。株改めには酒屋がつくる酒の量を把握して課税を強化する目的もあった。また豊作続きで米が余り、米価が下落した時期には酒づくりを奨励し、逆に凶作、米不足で米価が高騰すると、酒造株高の「何分の一造り」というように酒づくりをきびしく制限した。

米を原料とする日本の酒づくりは、原料米の供給量の変動によって常に振り回されてきたが、それが一番はなはだしかったのが米経済といわれた江戸時代だった。

酒屋は何軒あったのか

㈠ 洛中

江戸時代の「洛中」が指す範囲は室町時代のそれよりも広く、豊臣秀吉が市街地の周囲に築かせた土塁、「御土居《おどい》」のほぼ内側だったとされる。

京都市中の造り酒屋は全部で何軒あったのだろうか。いくつかの行政資料に当たってみよう。最初の記録は『京都町触集成』(2)で、寛文七年（一六六七）の口触で、造り酒屋に対し酒造米高を届け出るよう指示している。また元禄年間のものと思われる「洛中洛外酒や数拼造米高」によると、京都市中と郊外の酒屋数は六五三軒（洛中の上京と下京、東西本願寺寺内町に五五一軒、洛中町続と在々に一〇二軒）で、その酒造米高は一万六五五一・九〇石、先年酒造米高十三万二四一〇・二四石あったものが段々減少し、元禄七年（一六九四）には寛文年間の八分の一になったとある(3)。

また『元禄覚書』中の「洛中洛外酒改運上之訳」によれば、元禄十年（一六九七）には六二六軒で、「先年酒造米株」、つまり明暦あるいは寛文年間の酒造米高は十三万三九三石でほぼ先の数字に近いが、元禄十年の酒造米高は二万五七六九・五石となっている(4)。これは洛中洛外以外の、嵯峨、八幡、山崎、井出村、醍醐、江州坂本までを合わせた分であり、その他伏見には六十六軒の酒屋があった。

この時期は凶作続きで、酒づくりは抑制された。また元禄十年（丑年）十月には、幕府によって「酒改《さけあらため》」と運上金を課すことが命じられたが、そこには酒商売をする下々の者が多く、不届きであるという為政者の考えがある。そこで酒をたくさん飲まないよう新たに「運上金」を納めさせ、酒の値段が五割増しになるよう命じたのである。同年十月に京都において酒改役を命じられたのは、新町通二条上がる町、重衡屋平右衛門、新町通三条下る町、茨木屋甚左衛門、室町通四条下がる町、菱屋長右衛門の三名で、彼らはいずれも市内の有力酒屋だった。江戸の酒屋二名を京都に派遣して立ち会わせ、酒改めの方法を教えた。また二条通新町西入るにある借家には酒改め会所を設け、職員を雇用した。酒改めは地方では村役人に、都会では有力酒屋に行なわせたのである。

元禄十一年の酒造米高は三万一一〇四石であるが、凶作が続いたので十二年からは十一年の酒造米高の「五分の一造り」が幕府によって命じられ、六二二〇石となっていて、元禄飢饉により酒造がきびしく制限されたことがうかがえる。

少し下って、『京都御役所向大概覚書』中の「洛中洛外酒屋数幷造米高之事」によれば、正徳六年（一七一六）には、造り酒屋六五九軒（洛中五三九軒、洛外一二〇軒）、またこの他に卸売商から酒を購入して小売りをする「請酒屋《うけざかや》」が四九四軒（洛中二五八軒、洛外二三六軒）もあった。[5]江戸時代の初期には造り酒屋が請酒屋を兼ねることもあったが、やがて独立し、他国産の酒も販売するようになった。造り酒屋とほぼ同数の請酒屋が存在していたのである。

さらに元禄十年（一六九七）頃に成立したと推定される『高木家文書』には、洛中のすべての造酒屋の住所、屋号、酒造人名、酒銘が書かれているが、造り酒屋の総数は二〇三軒である。[6]

江戸時代中期以降になると、造り酒屋の総数を把握できる資料は残念ながら少ない。「キンシ正宗堀野記念館」展示の文書「造酒株之事」[7]によれば、明暦三年（一六五七）には元株五九六株だったものが、寛政元年（一七八九）には二七〇株、文化元年（一八〇四）には二三八株となっている。以後増加することはなく、洛中の造り酒屋数はおおむね二五〇軒程度で幕末まで続いたと思われる。

(二) 洛外・その他

洛中以外の現・京都府全域の酒屋数についても触れておきたいのだが、現存する資料は断片的なものであり、全体を網羅したものは少ない。

まず伏見であるが、先の「洛中洛外酒改運上之訳、酒屋数幷造高」によれば元禄十年の酒屋数は六十六軒、改役人は井筒屋善右衛門と大黒屋五郎兵衛となっている。

寛政九年（一七九七）の「造酒屋株帳」(8)によれば、明暦三年（一六五七）に酒造株数八十三、石高一万五六一一石であったものが、以後は凶作による米価騰貴などで減少して、天明六年（一七八六）の株改めの際には二十八株、六六四五石にまで減少していた。寛政九年（一七九七）の「造酒屋株帳」によると、伏見は洛中ほど零細な酒屋はなかったが、最大の津国屋三郎兵衛でも五九〇石にすぎない。当時の伏見は関西でも伊丹や灘に比べればまだまだ規模が小さく、街道筋、船着き場の産地にすぎなかった。

伏見の特徴は、この八十三株のうち休株の占める割合が異常に大きかったことで、その数は一時期五十五株にものぼった。幕府による酒造制限、他所酒とのきびしい競争に耐えられずに伏見の酒造業は衰退し、多くが休株になっていたが、文化文政年間の豊作期に酒造制限が緩和されると、休株を借り受けて酒づくりをはじめる者も出てきた。

南山城地方の木津、笠置、大河原村などでも、かなりの数の村酒屋が営業していた。文久三年（一八六三）の南笠置村では、「月桂冠」の創業者大倉家一族の大倉治郎左衛門が一九五石、大倉善右衛門が一五〇石の酒株を所有していた。(9)

丹後宮津領に関しては、寛文九年（一六六九）の酒屋数を記載した比較的古い史料が現存する。

しかし与謝、丹波、竹野、熊野、加佐郡を合わせた一五一か村に酒屋は一軒もない。城下町宮津町の五十六軒がやや目を引くが、宮津領全体でも酒屋数は八十七軒、酒造米高は寛文九年（己酉）が一三五〇石にすぎない(10)。

宝暦九年（一七五九）も、五十二軒の造酒屋で五十六株、酒造米高三五四四石となっていて、あまり大きな変化はない(11)。最大でも一五四石、最少は十石にすぎず、港町として栄えた宮津とその近在の村々の需要をまかなう程度であった。酒屋は日本中どこにもあったが、京都以外の町や村の酒づくりは小規模なものだった。

天明三年の大火で被災した後再建された三上家の母屋に隣接した酒蔵、釜場、麹室などが残っているが、防火を配慮した立派な塗り壁の酒蔵である(12)。

その他近畿の産地について見てみると、先の元禄十年の調査では、大坂に六六三軒、和泉国堺に八十四軒、南都つまり奈良には一一一軒の造り酒屋があった。江戸時代三都のうち一番酒屋数が多かったのは大坂であるが、繁栄をきわめた伊丹、西宮、灘とは対照的に徐々に衰退して、現在旧市内には一軒の酒屋もなくなってしまった。「和泉酢」で名高い泉州堺にもまだ多くの酒屋があった。しかし「南都諸白」で有名だった奈良もこの時期には衰退しており、休業中の「休株」は約半分にも達している。

六条寺内町の酒屋

本願寺門主の顕如《けんにょ》（一五四三―九二）が豊臣秀吉の命令によってそれまで住んだ大坂天満から京都六条の地に移されたのは、天正十九年（一五九一）のことで、秀吉が寄進した九万坪あまりの広大な土地に伽藍が建立された。これは京都市街を囲む大土塁「御土居」の建設、諸寺院の寺町移転とならんで、近世京都における都市改造事業の一つであった。本願寺はその後の慶長大地震により大きな被害を受け、また東西に分けられた。

「六条寺内町」とは、正徳五年（一七一五）の調査によると、東は新町通から西は大宮通あたりまで、また北は六条通から南は七条通りあたりまでの地域で、家数一二〇〇軒、人口は九九九三人となっている。

東西本願寺にはさまれた門前町であるから、この一帯には仏具屋、抹香屋、ろうそく屋などの職種が多く、その他に金属加工業、染色に関係した藍玉屋、紺屋、食品では青物屋、米屋、醸造業者では酒屋、酢屋、麹屋などが多数存在したことが、寛永八年（一六三一）に原本が作成された『六条御境内絵図』によってわかる(13)。

現在ではもう造り酒屋や紺屋こそないが、狭い路地の両側には仏具屋、表具屋、菓子屋、食堂などが立ち並び、いかにも門前町らしい雰囲気がある。

十八世紀はじめにオランダ商館長の江戸参府旅行に同行して京都を訪れたドイツ人医師ケンペル（一六五一―一七一六）は、京都は日本における手工業の中心都市であり、その製品は日本中で高く

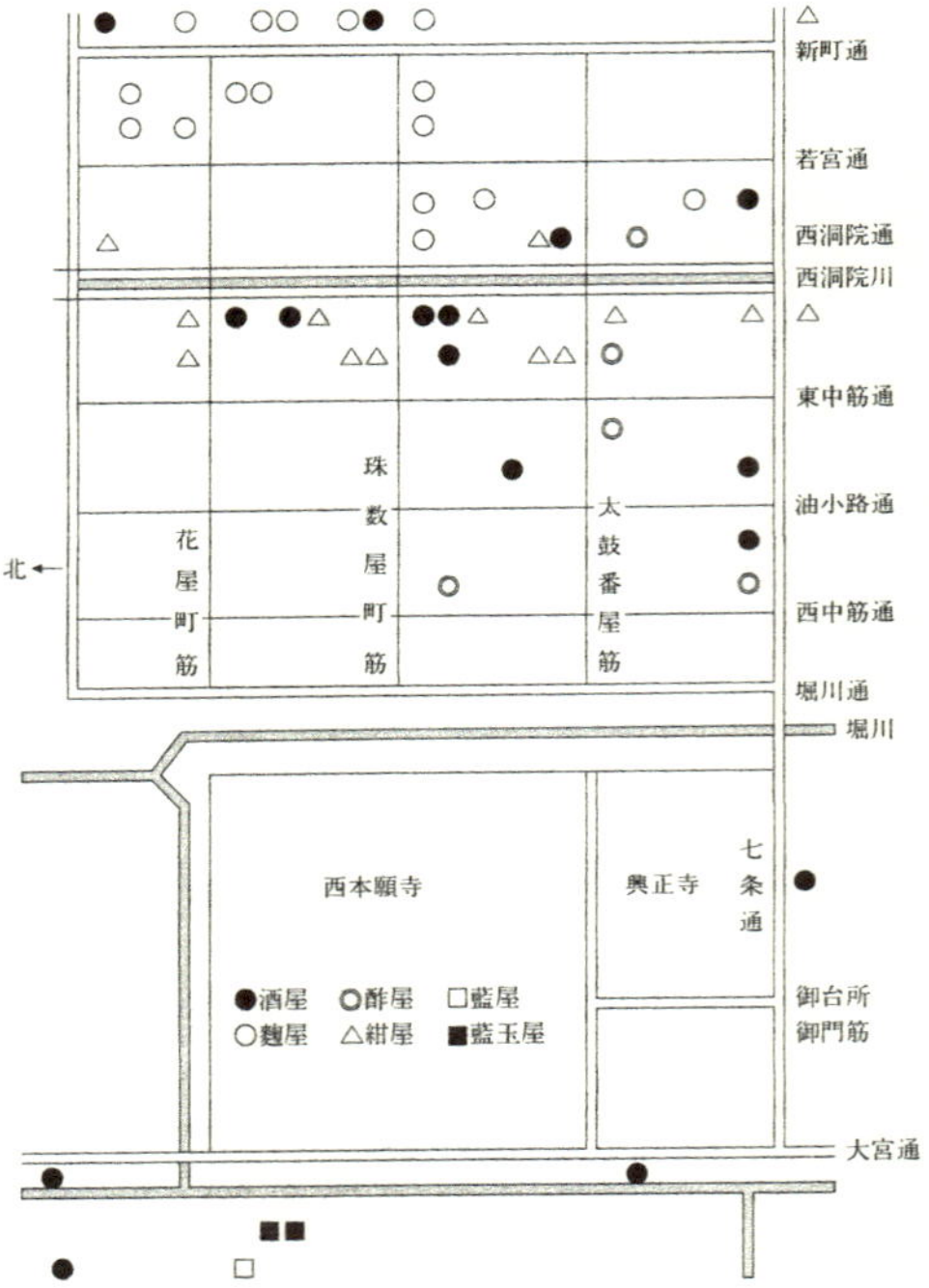

図6－2　寛永八年　本願寺寺内町絵図による酒屋等の分布（吉田 元『江戸の酒』1997）

評価されていると述べている。この頃が京都手工業の最盛期だった。

造り酒屋と販売業者である請酒屋の区別は明らかでないが、十六軒の酒屋が寺内町にあった。この絵図には道路幅、川幅、各戸の正確な間口も記入されている。いずれも間口は狭く、最大でも八間八寸にすぎない（図6－2）。

酒、味噌、醤油など醸造食品づくりに欠かせない麹をつくる麹屋は、前述のように酒屋とは別の職業であった。絵図によると、新町通数珠屋町から花屋町筋を中心に十六軒もの麹屋が集中している。

先の『高木家文書』(6)の中には「麹屋」の屋号を持つ造り酒屋が市内に六軒見出せるが、このうち三軒、

七条油小路東入る　麹屋甚三郎
東中筋花屋町下る　麹屋長兵衛
新町花屋町下る　麹屋甚四郎

がこの地域にあることは興味深い。山下勝氏は、これを麹屋が利益の大きい酒造業へ進出したことを示すものとされている。

醸造業者としては他に酢屋も五軒あるが、隣に酢屋があると酒が腐敗する恐れがあるから、酒屋はふつう同じ場所で営業はしない。酢屋は少し南の東中筋太鼓番屋筋付近に集中している。

江戸時代初期の六条寺内町の状況は以上のとおりだが、その後酒屋、麹屋はどうなったのだろうか。西本願寺の文書中に六条寺内町の酒屋に関する資料があることを当時本願寺史料研究所におられた左右田昌幸氏（現・種智院大学教授）にご教示いただき、翻刻していただくことができた(14)。

この資料は天明八年（一七八八）と文化三年（一八〇六）に作成されたものであり、造り酒屋の屋号、酒造人名、酒造株高、酒造米高について、京都町奉行所を通じ、幕府の勘定所伺方酒造掛に報告した書類の写しである。

前述のように江戸時代の酒づくりは許可制であり、酒造株高は酒造人が使用できる米の量の上限を示し、原則これ以上は使用できないが、実際に酒づくりで消費される米の量は、酒造株高より多いのがふつうである。

江戸時代京都の造り酒屋に関しては、従来まとまった資料がなかった。市内の一部ではあるが、これで酒屋の規模を把握できる。天明八年、酒屋の世話役松屋甚兵衛の報告によれば、六条寺内町全体で十一軒の酒屋があり、酒造株高合計二七六〇石、酒造米高三七二五・六石となっている。最大五〇四石、最小七五・七石である。

別に「休株《やすみかぶ》」と称して、休業中の酒屋が十五軒ある。休株の合計高は二六九五石もあって、その中には「山川」の白酒として有名だった七条大宮東入る茨木屋など、江戸時代初期の『高木家文書』の時代から続いていた酒屋名を三軒見出せる。また麹屋甚四郎、麹屋長兵衛、麹屋甚三郎など麹屋三軒も営業している。

酒屋に後継者がいなかったり、経営難に陥った場合、他人に酒造株を貸すこともあった。これを「貸株」というが、貸株が三軒ある。天明年間に休業中の休株酒屋は、次の文化三年の報告書ではすべて姿を消しており、前述した三軒も所有者はかわっている。

京都の市街地には酒造米高十石未満という小酒屋も多かったが、六条寺内町は本願寺門前町ということで、比較的酒屋の規模は大きかった。中世以来多くの小酒屋が共存してきた京都市中でも、天明の凶作と飢饉、大火を経て、状況は少し変わりつつあったようである。

中妙泉寺組

京都市中には、同業者の組合であるさまざまな「仲間」があり、このうち免許制の「株仲間」には、造酒屋、請酒屋、地造醤油屋が加入していた。酒づくりを認可されていた「造酒屋仲間」があって、地域ごとに「何々組」と名乗っていた。その一つである「中妙泉寺組」において、年寄をつとめていた川本家に残された資料『川本家文書』をもとに、酒屋の実態を見ることにしたい。

京都には、東西に走る通の名前を北から順に読み込んだ「丸竹夷二押御池《まるたけえびすにおしおいけ》、姉三六角蛸錦《あねさんろつかくたこにしき》、四《し》綾仏高《あやぶつたか》、松万五条《まつまんごじょう》」という有名なわらべ歌がある。子どもが迷子にならぬよう親が教えたといわれるが、四条通から二筋下がった仏光寺通と、南北の油小路通が交差するあたりは、旧市街地の中心部に近く、かつては狭い道路の両側に何軒かの小酒屋があった。

元禄期には仏光寺油小路を西に入ったあたりに「金屋」という酒屋があって、「初緑」、「松枝」という銘の酒がつくられていた。

その後経営者は何度かかわったが、仏光寺通の南側に面した酒屋はずっと続いていた。最後の川本家には多くの酒造関係文書が所蔵され、著者はその一部を某古書店から購入して、『川本家文書』と名付けた。これらの文書には、酒造株高とその譲渡、貸与の記録、米の買い入れ帳、仕込み記録など、江戸時代中期から明治二十年代にかけての酒屋の経営を知ることができる資料が多数ある。

さて「中妙泉寺組」が指す範囲とは、北は錦小路から南は松原通まで、東は新町通から西は大宮通あたりまでの、ほぼ正方形の中である。また中妙泉寺組のすぐ北側に「上妙泉寺組」、南側に「下妙泉寺組」があったが、妙泉寺は二条城の南、中京区三条大宮西入る上瓦町にある寺を指すらしい。

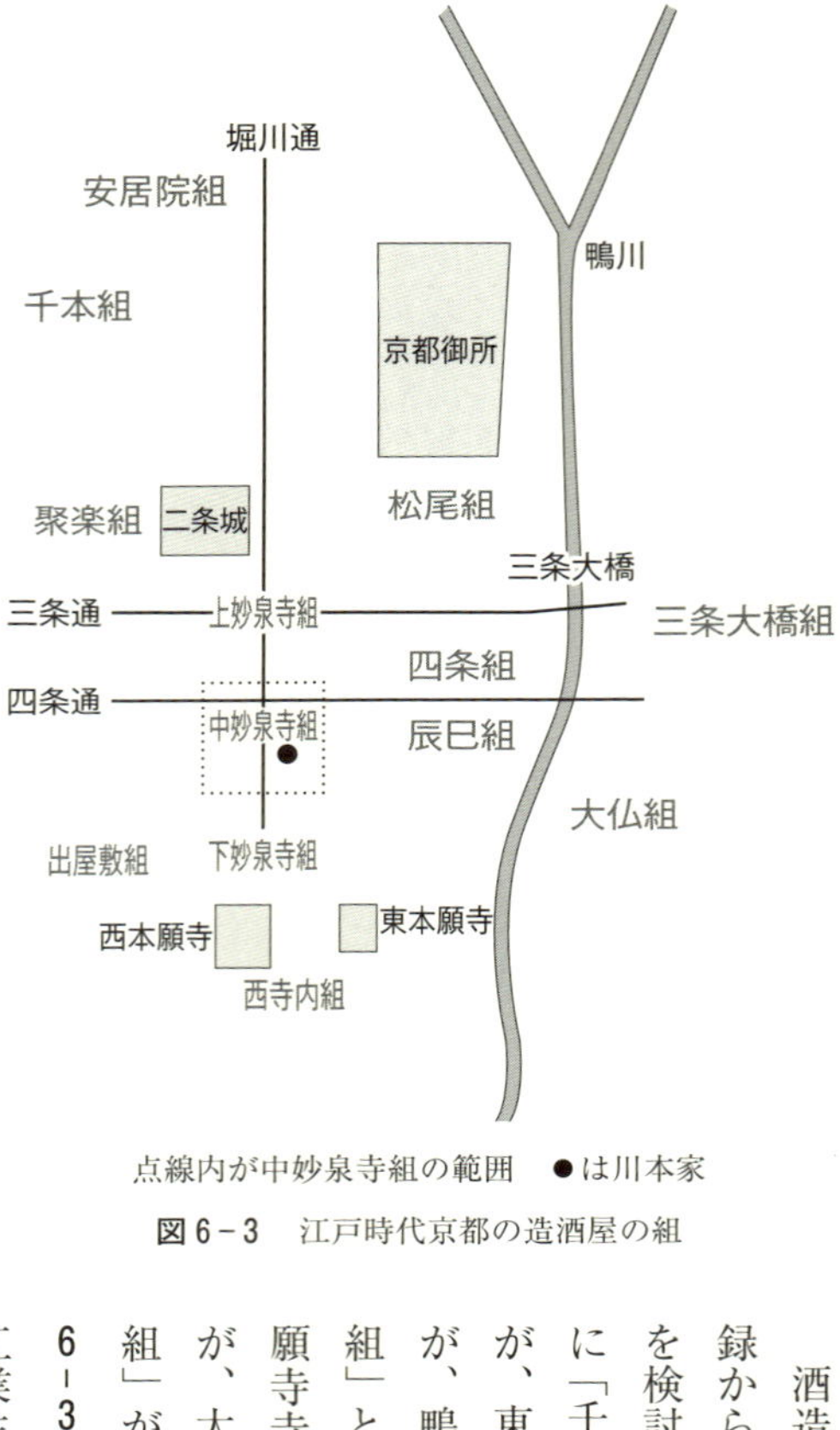

点線内が中妙泉寺組の範囲　●は川本家

図6－3　江戸時代京都の造酒屋の組

酒造株の譲渡、貸与の記録から酒屋の住所と所属組を検討すると、市街地西側に「千本組」と「安居院《あぐい》組」が、東南に「辰巳《たつみ》（巽）組」が、鴨川東岸に「三条大橋組」と「大仏組」が、西本願寺寺内町に「西寺内組」が、大宮通以西に「出屋敷組」が存在したらしい（**図6－3**）。門前町、かつ手工業生産地であった西寺内組の酒屋については、前に述べた通りである。

これらの組は後に一部が統合、改称されたらしく、明治時代の資料によると上中下妙泉寺組の名称はすでに消えており、川本家も「下乾《しもいぬい》組」の所属となっている。

『川本家文書』中の「宝暦十一年巳三月酒株名前帖」[15]によれば、宝暦十一年（一七六一）の「中妙泉寺町組」には実に五十六軒もの造り酒屋があって、酒造株高は最小四十石、最大六七三石、合計一万三二〇一石にも達していた。しかし実際にすべての酒屋が稼働し、これほど大量の酒造米が消費されていたわけではないようだ。酒屋は繁華な四条通沿いと松原通本圀寺《ほんこくじ》の門前に集中していた。

江戸と同じく京都も大火の多い町だった。天明八年（一七八八）正月三十日に鴨川東岸から出た火は、二日間にわたって市街地をほぼ焼き尽くし、仏光寺油小路あたりはもちろんのこと、京都御所まで焼失してしまった。同年六月の町触によれば、株帳面を焼失してしまった結果、実際に酒造りを行なっていた者は株高を知っていたが、休株の者たちも散在していたので判別しがたいと酒屋年寄たちが申し出た。酒造株を所有している者は、株高および半分の造石を命じられた天明五年の酒造米高を最寄りの酒屋年寄に届け出よと通達している。

『川本家文書』中の「弘化五年申二月酒造株名前帳中妙泉寺組」(16)によれば、十八世紀後半の明和、安永年間の中妙泉寺組の酒造株の移動はきわめて激しい。酒屋名の上にいくつも新しい付箋が貼りつけられているが、一部は剥がれており、どの酒屋のものかわからなくなっている。京都の酒屋はこの時期大変動期にあったことがうかがえる。大火に飢饉と災害が続き、また大津酒をはじめとする「他所酒」の流入に悩まされ、酒屋経営が苦しくなった時期である。酒株の移動は、幕末嘉永年間から明治時代にかけても激しく、同一屋号で明治まで通した酒屋はないのである。移動の激しさはきわだっているが、他産地のように少数の酒屋が酒造株を買い占めて、集約、巨大化することはなかった。

伏見酒の苦闘

洛外の鳥羽や伏見でも酒がつくられていたことは、室町時代の『言国卿記』や『山科家礼記』などにも記録があるが、はっきり「伏見樽」の名前が出てくるのは、慶長四年（一五九九）の『多聞院日記』からである。この年奈良興福寺の塔頭多聞院と伏見の酒屋が共同で酒づくりをしている。

伏見は現在では灘に次ぐ国内第二位の産地となっているが、その歩みは決して平坦なものではなかった。

前述のとおり、明暦年間の酒株は八十三株もあり、宝暦年間頃までは酒屋数も順調にふえていたが、やがて近在の大津、近江あたりにも多くの造り酒屋ができてからは酒が売れなくなって衰微し、天明の酒株改めの頃には実働二十八株にまで減少していた。

文化二年（一八〇五）、伏見の造り酒屋たちの訴えによると、かつて伏見の造り酒屋は他所酒まで買い取って相応に売り捌けたものが現在では売れず、当地の小売酒屋へも他所酒が多く入り込み、難渋しているという(17)。

しかし、この訴えは他所酒の入り込み差し止めそのものを求めているわけではない。昔とちがい他所酒なしではやっていけないことを認めた上で、酒づくりは自分たちの職分だから認めてほしいと訴えているのである。

また興味深いことは、天候不順によって酒の出来がよくなく、甘口、辛口になる。甘口酒が出来たら辛口酒を買い入れて取り合わせ、また辛口酒ができたら甘口酒を加えて味を調整すると述べていることで、酒のブレンドもかなり古くから行なわれていたらしい。

寛永文化サロン

江戸時代初期の京都の生活を伝える資料としては、鹿苑寺（通称金閣寺）の住持だった鳳林《ほうりん》承章《じょうしょう》（一五九三―一六六八）の日記、『隔蓂記《かくめいき》』が面白い。以下この日記によって寛永期の京都の食と酒を見ていくことにしよう。(18)

鳳林承章は公卿勧修寺《かじゅうじ》晴豊《はるとよ》の六男であり、後陽成天皇（一五七一―一六一七）とはいとこの関係にあたる。彼は延々三十年以上にわたってこの日記を書き続けた。禅宗の僧侶だが、公卿の出身であるから、漢詩、連歌、華道、茶道などあらゆる文化面に造詣が深く、その交際範囲は、僧侶、公卿はもちろん、武士、茶道の千宗旦《せんのそうたん》、金森宗和《かなもりそうわ》、華道の池坊専好《いけのぼうせんこう》にいたるまで、まことに広かった。

洛北修学院離宮を造営し、寛永期の京都文化サロンの中心人物であった後水尾天皇（一五九六―一六八〇）とは年回りや趣味が近いこともあって、洛北修学院、岩倉方面への御幸《みゆき》にはしばしば泊りがけで御伴をしたし、実現こそしなかったが、一時は衣笠山麓に離宮を造営する相談を受けたこともある。

鹿苑寺は衣笠山の南山麓、京都の冬でも比較的暖かく感じられる場所にある。寛永年間の絵図によると、門前は一面の田圃、東南は平野神社から北野神社の森まで見通すことができた。京都は江戸とちがって、町の規模が小さいことがありがたい。後水尾上皇がお住まいの仙洞御所へも歩いて行ける。郊外では、弁当持参の五月五日の賀茂の競馬《くらべうま》、東山への遊覧、少し足をのばせば、洛西高雄の紅葉狩りや松茸狩りと遊びにはことかかない。

平和な時代となったこの頃の京都は、観光都市としての性格を持ちはじめており、地方大名や上洛客からはお礼を取って拝観させ、時には金閣での飲食も行なわれていた。

僧侶の日記というと抹香臭いのがふつうだが、この日記はそうでもない。鳳林は食に関して相当うるさい人という印象を受ける。寺の重要な行事がある日の献立は細かく書きとめてある。麺食や饅頭の普及など、室町時代の初期から禅宗寺院が食文化史で果たしてきた役割は大きい。庶民の生活とはかけ離れているが、後水尾上皇のサロンに出入りする人たちの優雅な暮らしぶりはうらやましい。

僧侶の例にもれず鳳林和尚も酒が大好きであり、日記中にさりげなく「酉水」とあるのは、分解した「酒」の字である。また実によく飲み、しばしば「沈酔に及ぶ」とある。

前述のように室町時代有名であった五条西洞院の「柳酒」や河内天野山金剛寺の「天野酒」も、この頃はもうほとんど出てこない。かわって各地の「諸白」が出てくる。奈良産の「南都諸白」、これも僧坊酒と思われる「南都井之坊諸白」、和泉堺産「堺諸白」、また回数こそ多くないが地元産の「京諸白」もある。醸造規模が次第に拡大してきたのか、諸白を入れる容器も小型の「手樽」、角型の「指樽《さしだる》」から「大樽」までである。まだ酒造統制がそれほどきびしくなかったので自家製もあり、「手作之諸白」を人からもらったこともあった。

火入れは酒を長持ちさせる低温加熱殺菌法であるが、火入れをしない堺産の「生酒《なまざけ》」も京都に入っていた。今日では酒は新しいほど歓迎されるが、当時は長く貯蔵した「古酒」の味と香りも好まれ、三年間も貯蔵した「三年酒」もある。

固体の蒸米、麹と、液体の水が混じった醪を布袋に入れて搾ると、清酒と酒粕に分かれる。この清酒をしばらく放置しておくと濁りが酒桶の底部にたまってくる。これを滓といい、桶の底部にある栓を抜いて滓を出す操作を「滓引き」という。清酒と滓の中間にあるやや濁った部分を「中汲《なかぐみ》」として販売した。中汲には、京都と大坂の中間にある摂津富田（現・大阪府高槻市）の「富田酒」や「大坂酒」がある。摂津富田は江戸時代初期には繁栄した銘醸地だったが、現在では造り酒屋は二軒しか残っていないし、大阪市内となると一軒もない。他には丹後や備後三原の酒も入っていた。

古くから九州博多の名産であった「練酒」は糯米でつくり、醪を臼で引きつぶす、練絹のような光沢がある甘口酒である。京都では贈答品として人気があった。鳳林がもらった練酒は、染付瓶や、珍しいオランダ焼の小徳利入りだった。京都では後に六条山川の白酒が名物になっている。

寺の宴会では清酒が用いられたが、近隣の農民たちに出す酒は濁酒であり、これは寺での手づくりだった。毎年夏になると、門前の農民たちが動員され、庭の池を掃除させられたが、昼食には濁酒を振舞うのが習わしだった。七十人宛に濁酒三斗五升も用意した記録がある。濁酒を出さないと要求され、あわてて以前つくった濁酒の残り粕を提供したこともあった。どうやら寺には酒づくりの技術を持つ人がいたようである。もちろん酒づくりは本来ご法度で、内々に醸したのである。また八月の鹿苑寺祭礼にも塗桶入りの濁酒とおこわを農民たちに振る舞う習わしだった。

この他にも薬草を漬け込んださまざまな薬酒が手づくりされていた。たとえば朝鮮薬酒、槿花酒《きんかしゅ》、長命酒、保命酒《ほうめいしゅ》、桑酒、地黄酒、生姜酒、五加皮酒、豆淋酒、忍冬酒《にんどうしゅ》、黄精酒、八珍酒、屠蘇酒など、実に種類が多い。江戸時代後期の文化年間には、庶民の間で手づくり酒が流行したが、京都の上流階級の間ではそれ以前から手づくり薬酒を楽しんでいたのである。

本来僧侶の食事は午前中の一食だけであり、正午以後の食事を禁じた。そこで食すべき時の意味で斎《とき》、食事をしてはならない時の食事を非時《ひじ》と称したが、だんだん食事の回数はふえ、「中食《ちゅうしょく》」、夜食もとるなど変化していった。『隔蓂記』には行事の際の献立がよく記録されているが、大抵の場合は酒がついた。食事中に出される酒を「中酒《ちゅうしゅ》」という。

寺院の斎が本来あるべき姿を忘れてぜいたくになりすぎたとの批判を受けて、鳳林が兼務していた相国寺では、斎は一汁三菜（汁一種、おかず三種）まで、菓子も三種までとするという申し合わせがなされた。ただしこれは禅寺でもなかなか守られなかった。

僧侶は本来禁酒戒を守るべきであるが、いつの時代も建前と本音はちがう。「酔っぱらわない程度であればよい」、とか「薬として飲むのならよい」とか、人間はさまざまな理屈をつけて酒を飲むのである。明暦三年（一六五七）九月二十八日の相国寺開山忌の際、ある僧侶が斎を禁酒にしようと提案した。これに対して鳳林の曰く、「自分は酒を好まないから（!）、禁酒を厭うものではない。しかし、二五〇年来の習慣を変えることは望まない」と。理屈は何とでもつけられる。

御所における茶会も盛んだった。春に収穫した茶の葉を入れた茶壺の口を秋になって開ける「口切の茶会」が仙洞御所、鹿苑寺、公卿の屋敷でしばしば催された。これも茶会だけで終わることはなく、大抵その後酒が出て、酒宴となる。たとえば寛永二十年（一六四三）三月二十六日の仙洞御所における茶会であるが、鳳林はその準備役を命じられ、まことに多忙だった。御所の台所人と相談し、この時期珍しい松茸の漬物、大きな竹の子、革茸《こうたけ》などを用意させた。また立花は親しい高雄の上人、本願寺正円に頼んだ。

当日二十六日はさいわい晴天だった。茶と膳は仙洞御所の庭の茶屋で後水尾上皇に差し上げるが、鳳林は自分の所有する亀山院の宸翰《しんかん》（天皇の書）を掛けた。また高雄の上人は鹿苑寺で切ってきたばかりの満開の藤の花を床の間に生けた。お客は上皇の弟である聖護院や青蓮院の門跡たちである。

茶会が終わると会場を広い庭へと移した。上皇は食事の後仙洞御所の池で舟遊びをされ、その後再び茶屋に入られたが、勅命により鳳林が濃茶、次いで薄茶を立てた。茶入は粟田口作兵衛の丸壺、また茶碗、茶入袋、茶筅《ちやせん》、茶巾など茶道具類はすべてこの日のために新調した。お茶の後で菓子が出、話がはずんだ。

夕方暗くなってからようやく「後段《ごだん》」が出た。後段とは正式の食事後に出される軽食のことである。余興に謡も飛び出すにぎやかな酒宴が続き、たちまち乱酒《らんしゆ》となった。準備役をつとめた鳳林も面目を施し、上皇の御機嫌もまことにうるわしく、天盃《てんぱい》を頂戴すること四度に及んだ。

この時期幕府と朝廷との間にはしばしば緊張関係が生じ、後水尾天皇もそれが原因で若くして譲位されたのである。徳川秀忠の娘である和子（東福門院）との結婚はたしかに政略結婚ではあったが、幕府の大幅な財政援助が皇室の安定化に大きく貢献したことはまちがいないところで、上皇も朝廷における文芸活動、茶の湯、立花、修学院離宮の造営などに力を注がれた。鳳林ら周辺の公卿、茶人、僧侶もこうした文化を享受することができたのである。

酒銘

諸白とは、麹米、掛米の両方に精白米を使用する酒という意味で、「両白」とも書く。長い間学校教師をしていると、かなり珍しい苗字に出会うことがあるものだが、一度「諸白」という姓の学生が私の講義を受講したことがあった。聞き漏らしたが、先祖は酒屋だったのだろうか。戦国時代の終わり頃から、南都、つまり奈良において諸白がつくられはじめる。「南都諸白」や「伊丹諸白」は、品質優良な酒の代名詞であった。

諸白に対する「片白《かたはく》」という語は、江戸時代から使われはじめる。片白とは、麹が玄米、蒸米が白米とする『和漢三才図会』説と、その逆だとする説がある。実際さまざまな酒造技術書によっても、片白はどちらを精白したのか、あまりはっきり書かれていない。

さて江戸時代初期に京都で飲まれていた酒に関しては、先の『隔蓂記』では「南都諸白」、「南都井之坊諸白」とならんで「京諸白」という語が正保三年（一六四六）以降たびたび出てくるので、この時期京都でも諸白がつくられていたことはまちがいない。

酒に銘をつけることは室町時代の柳酒にはじまるが、宣伝上も有利であり、他の酒と差別化もできる。京都の酒屋は公卿や高僧に頼んで、和歌から取った銘をつけてもらった。江戸や地方では、まだ「諸白」、「片白」、「並酒」の三種類しかなかった時代、京都ではすべての酒に優美な銘がつけられていたのはさすがである。

長年現・岐阜県養老郡を領地としていた武士高木家に残された『高木家文書』(19)は、元禄十年（一六九七）頃に成立したと推定される。当時の京都の酒屋二〇三軒のすべての屋号、所在地、酒銘、もとになった和歌も紹介されている。全体として都らしい花、松、鶴、亀などが入った優美でめでたい銘が多い。「〇〇正宗」、「〇〇誉」といった勇ましい銘が流行するのはずっと後のことである。いくつか取り上げてみる。

新町一条上るにあった有力な酒屋、重衡《しげひら》平右衛門。奈良興福寺を焼き討ちにした平重衡が屋号の由来であり、当時の最高級酒だった奈良酒に勝つという意味が込められていたという。この一軒で「舞鶴《まいつる》」、「細石《さざれいし》」、「御手洗《みたらし》」の三つの酒銘を持つ。

「舞鶴」

　白くもに羽打かけてとぶ鶴の
　　はるかに千代のおもほゆるかな

優雅で長寿の鶴はめでたい。

妙法院宮御銘「細石」

君が代ハちよにやちよに細石の
いはほ（巌）となりてこけ（苔）のむすまで

もちろん国歌となった和歌である。

右同断「御手洗」
きく度にたのむ心ぞすみまさる
かもの社のみたらしのこゑ

御手洗川は下鴨神社境内を流れる小川。

その他、太平洋戦争の後まで残っていた北野経堂前津国屋権兵衛の「この花」は、
津の国のあしやよしやと人とハゞ、
この花さけるみき（御酒）とこたへて

といった具合である。酒屋が出入りしていた公卿や門跡に酒銘をつけてもらい、「〇〇様御銘」として格付けしたのであろう。ただしそれほど素晴らしい酒だったか否かは不明である。

酒銘に関しても、江戸時代全期間を網羅した資料はないので、江戸時代初期の京都案内の類を見てみる。京都の書肆は元禄年間から上洛する観光客のために多くの地誌を刊行しているが、その中から名酒と思われるものをさがしてみる（表6－1）[20]。

『京都羽二重織留（京羽二重織留）』（一六八九）は、趣味と実益を兼ねた京都案内書『京羽二重』（一

六八五）の補遺である。名酒として、堀川御池下る富田屋の「有明」、堀川丸太町上る坂田屋の「花《か》橘《きつ》」、油小路竹屋町下る関東屋の「蘭菊《らんぎく》」、同井筒屋の「若みどり」、同広永やの「初ざくら」、新町一条上る重衡の「舞鶴」、「細石」を挙げている。

これより約百年後の京都名物評判記『水の富貴寄（吹寄せ）』（一七七八）「飲食」の部では、尾道屋源右衛門、茨木屋の「砂越《すなごし》」、壺屋の「滝の水」、津国屋の「この花」などが紹介されている。

表6－1　京都の主な酒屋と酒銘

住所	屋号・酒造人	酒銘
堀川御池下る	富田屋	有明
堀川丸太町上る	坂田屋	花橘
油小路竹屋町下る	関東屋	蘭菊
同上	井筒屋	竹葉、若みどり
同上	広永や	初ざくら
新町一条上る	重衡（堂街）	細石、舞鶴
北野経堂前	津国屋	この花
新町六角上る	茨木屋	砂越
建仁寺門前博多町	壷屋	滝の水
不明門七条上る	藤岡友三郎	養老菊水酒
河原町四条下る	菱屋	さざれ石
二条堀川東へ入る	万屋	三笠山
下立売堀川西	菱屋	わか竹
烏丸御池上る	万屋	亀の井
高倉五条下る	穂積屋	麦酒
油小路五条下る	鍵屋	不老酒
寺町今出川下る	菱屋	楚龍
大黒町五条上る	八文字屋	音羽
伏見街道五条下る	紀国屋	龍の水
建仁寺松原下る	八文字屋	糺川
三条東洞院東	若松屋	松の夢、松の声
堺町松原下る	浜屋	鶴の齢、浜の松
新町三条	堺屋	八百万代
仏具屋町五条下る	豊嶋屋	白菊、みどり
東中筋花屋町下る	麹屋	千代の松

幕末になると上洛する人の数はさらにふえた。買物の便利のために出版された天保二年版『商人《あきんど》買物独案内《かいものひとりあんない》』（一八三二）には、いろは順に商品広告が掲載されている。酒屋の住所、屋号、酒銘は、

北野経堂前　津国屋　「この花」
新町三条　堺屋　「八百万代」
油小路五条上る　玉屋　「八千代」
宮川町二丁目　一文字屋　「三津和」
油小路五条下る　鍵屋　「不老酒」
二条堀川東へ入る　万屋　「千世鶴」、「亀乃泉」
室町四条下る　紀伊国屋　「五十鈴川」
御幸町六角下る　万屋　「菊寿」
東中筋花屋町下る　麹屋　「千代の松」

などが挙げられている。

この他、幕末の京都案内記には『花洛羽津根《からくはつね》』（一八六三）、『都商職街風聞《みやこあきないしょくちまたのふうぶん》』（一八六四）なども参照した。

酒屋は浮き沈みが激しい商売であり、長く続いた店は意外に少ない。酒銘も元禄期『高木家文書』の時代から、幕末文久年間まで残っていたのは、

烏丸御池上る　万屋　「亀の井」
油小路五条下る　鍵屋　「不老酒」
新町一条下る　重衡　「細石」、「舞鶴」
北野経堂前　津国屋　「この花」
河原町四条下る　鍵屋　「さざれ石」
建仁寺四条下る　壺屋　「滝の水」
七条大仏　八文字屋　「音羽」

などで、決して多くはない。

大津酒

京都には昔から、「町組《ちょうぐみ》」とよばれる中世以来の市民自治組織があった。町組は、たとえば「上京何組」という具合に番号をつけてよばれた。造り酒屋や醤油屋はそれぞれこの町組を基本とする販売区域を協定で定めており、これが小酒屋の共存という状況を支えていたといえよう。それ以外に他国から市中に入ってくる酒を「他所酒」とか「抜け酒」と称したが、京都の造り酒屋はたびたび安い他所酒の販売差し止め願を奉行所に提出している。

西陣織や醤油など他の産業についてもいえるが、十八世紀にもなると郊外や他国の新興生産地の安くて優秀な製品が京都に流入してきて、規模の小さい京都酒屋は競争で不利になっていった。また江戸時代以降は京都独自の技術といったものがない。同じ関西でも、江戸市場においてきびしい競争に勝ち抜いた伊丹や灘の酒屋は造石高が一万石を超える大酒屋に発展した。一方地理的な制約が大きかったとはいえ、京都には進取の気風もなく、小さな市場を分け合っていた。

さて他所酒問題の発端は、酒の小売りをする「請酒屋」の一部が、元禄年間以後に京都以外の酒を安く販売しはじめたことだった。

元禄十一年（一六九八）四月以来、京都に入り込む他所酒を取り締まってほしいとの訴えが、京都の造り酒屋からたびたび出されているが、禁止の効果はあまりなかったようである。他所酒とは具体的にはどこの酒だろうか。宝暦十一年の町触には、隣の大津酒の名前が出ている。

昨年秋以来、大津表よりはじめて古酒が当地に入荷し、関係する店で販売したが、当年になって大量に入荷し、追々新酒も引き続き入荷する様子である。そうなれば、当地の造り酒屋十七組の者達は生業を失い、困窮する旨訴え出があった。これまでは他国から当地に入荷する酒は決してなかったのに、去年秋以来当地で買う者があるから、おのずと他国から入荷するようになったのである。今後は他国から入り込む酒は決して買わぬように。(21)

以後明和九年（一七七二）、天明三年（一七八三）、文政九年（一八二六）にも同様の町触が出されたが、あまり効果はなかったようである。

酒づくりの規制が緩和される文化文政期ともなると、他所酒を買い取って売る者、酒株を所有せずに「家内用」と称して自家製の酒を売る者まであらわれて取り締まる側は対策に追われた。他国の酒は京都に入れるな、販売するなというのは、今の感覚からすればおかしいが、もし市場で独占販売が保障されていれば、つくる側の意欲は高まったろうか。答は否であろう。実際、江戸時代の京都酒はすでに全盛期を過ぎ、評判は芳しいものではなかった。

伊丹酒(22)

十九世紀に入ってから京都酒の脅威となったのは、伊丹酒だった。伏見の酒造業界では、伏見酒は伊丹酒のおかげで京都市中に入れず苦しかったという話が今も語り伝えられている。

伊丹酒の京都進出のきっかけから話をしよう。戦国時代は荒木村重の城下町であった摂津伊丹は、すでに十七世紀はじめ頃から江戸へ酒を出荷していた。江戸時代前期は他の産地と比べて技術水準も高かったから、将軍家の御膳酒にも指定されていた。伊丹酒は辛口で、やわらかな京都酒とは対照的な性格である。

寛文六年（一六六六）に伊丹村など十一か村が公卿の近衛家領となったのが、京都との関係のはじまりである。同年の伊丹の酒造株高は酒屋三十六軒で七万九七六一石、平均二二一五石、中には油屋のように一万石を超す大酒屋まであった。伊丹は地元よりも江戸へ出荷する割合が高かった。近衛家も積極的に酒造業を保護育成したが、十八世紀半ばを過ぎると、新興生産地である灘、西宮などの酒に質も量も押されて、衰退期に入った。

十九世紀はじめの文化文政期は、それまで長く続いた凶作、飢饉が終わり、自由競争期となったが、一方酒は生産過剰気味となった。そこで伊丹酒の振興をはかる目的で、天保六年（一八三五）以降、近衛家への「年貢酒」の名目で年間三七五〇樽に限り伊丹酒を京都向けに出荷することが許可された。わずかな量に思えるが、実際はこれよりも多く、天保十四年（一八四三）には八九一五樽にも達した。

年貢酒の納入は伊丹の酒屋に割り当てられ、「剣菱」、「男山」、「老松」、「泉川」、「白雪」などの有名銘柄も二、三百樽ずつ含まれる。直接近衛家に持ち込む分、それに四日市や江州で販売する分などを差し引き、残り四五一七樽は請酒屋が販売した。

伊丹酒の名声は世に広く知れ渡っていたから、さっそく京都市中の造り酒屋二三〇人が販売不許可を求めてきたが、種々やりとりの結果、請酒屋による販売が認められた。江戸では灘酒に圧倒された伊丹酒が、京都酒を圧倒するという構図になった。

それよりずっと以前のことだが、享保二十年（一七三五）の酒屋たちへの布告には、伊丹酒の板看板を今後倅に譲る際には、酒屋行事（役員）に断わり、行事から役所に届け出ること、今後他人への譲渡は不可であり、また倅のいない場合は没収するとあり、いかに伊丹酒の看板が価値のあったものかがわかる（**写真6-2**）。

『京都町触集成』によると、伊丹酒をめぐって、さまざまなトラブルがあったようである。もっぱら江戸市場向けの伊丹酒は、米が不作で酒の生産量が減る年には年貢酒にまわす分がなくなり、灘、南山城、江州など他産地の酒で代納することもあったし、次のような偽伊丹酒もあった。

一部の京都酒屋は、摂津富田の酒を使ってごまかしをした。摂津富田は京都と大坂の中間にあり、江戸時代初期までは銘醸地として知られていたが、この時期にはもう衰退していた。戦国時代末期、富田の清水市郎右衛門の祖先が徳川家康を助けたといういきさつから、清水の酒屋は毎年瓜の酒粕漬を将軍家に納めており、また同家が所有する酒造株は細かく分割して灘など他産地の酒屋に貸し出されていた。当時の酒は四斗樽を菰で巻き、酒銘を押してあったが、同家の酒は菰で包まず、裸樽のまま出荷されていた。

写真6－2　東洞院御池に残る伊丹酒「嶋台」の看板（2015）

悪知恵をしぼったさまざまな不正手段が考案される。たとえば裸樽を手元にある伊丹酒の古菰で包み替え、あるいは新しい菰に印を押す。品質の劣る京都産の酒を菰で包み伊丹酒として売る。「諸家御膳酒」、「御用酒」など、将軍家「御膳酒」とまぎらわしい名前で販売するなどである。

こうした行為は伊丹酒の品格を落とし、近衛家年貢酒の売れ行きにも悪影響をおよぼすものであるとの町触が何度も出されていることは、行政側も手を焼いていたことがうかがえる。

江戸の武士石川明徳が著わした『京都土産』(一八六四)によると、伊丹酒は「其味地酒とは格別なり、併市中之売物は如何なりける哉、江戸之伊丹ニは遥ニ不及事なり」と、江戸で販売されている伊丹酒には及ばないが、京都酒よりは高く評価されていた。昔は現在のように封印したガラス壜詰ではないから、中身を入れ替えて誤魔化すのは簡単だった。伊丹酒も江戸向けには一級品を、京都向けには品質の劣る二級品を出荷していたとも考えられる。

天保二年(一八三一)版『商人買物独案内』の広告を見ると、油小路五条上る玉屋が「剣菱」を、猪熊六角下る升屋が「男山」を販売していた。

伊丹年貢酒の販売は、明治に入って中止されている。

京都酒の江戸出荷

伊丹酒の名声は前述の通りだが、京都酒は江戸へも出荷されていたのだろうか。天保二年の『商人買物独案内』に広告を出していた先の玉屋は、「美淋酒　焼酎　練り酒　南蛮酒　おろし所」でもあった。酒銘は「御銘八千代」と「御銘都女郎印味淋酎」で、「右は江戸積」とある。

寛政四年（一七九二）には江戸への「下り酒入津《にゅうしん》改め」が改定されて、新たに「一紙送り状」制度というものが採用され、同年十月からは、従来から実績のある十一か国に限定された。この十一か国中に山城国（城州）と丹波国（丹州）が含まれ、同年十二月の町触で、入津量は城州酒が年間一一〇〇から一四〇〇樽、丹州酒が三百樽に限定されている。この資料は京都酒が江戸へ出荷されていた根拠として引用されることがあるが、量的にはわずかなもので、前記玉屋の広告も、宮様から銘をいただいた酒を江戸へも出荷していますという地元向け宣伝と思われる。はたして辛口酒を好む江戸っ子に京都酒はどう評価されたのだろうか。

南蛮酒

松江重頼の『毛吹草』（一六四五）には、山城名物として「南蛮酒」が挙げられている。その製法は『万金産業袋《ばんきんすぎわいぶくろ》』（一七三二）によれば、上白米一石を強飯に蒸し、麹二斗、生焼酎一石を加え、日数五十日ばかりで上槽する。但しその味加減はむずかしいとある(23)。

名前はロマンチックでも、あまりおいしいものではなかったらしく、先の『京都土産』でも、「又南蛮酒といふ物有り。焼酎へ味りんを加へ江戸之直し之様なる物なり。味不宜」と、評価は芳しくない。

京都の南蛮酒はかなり後まで残っていたらしく、大正十四年（一九二五）の時点でも、烏丸二条上るにこれを売る店があったことを新村出氏が述べている(24)。

桑酒

桑酒には二種類あって、一つは桑の根を原料に酒を加えたもので、中風に効果があるとされる。もう一つは桑の実、白砂糖、酒でつくる果実酒である。

『商人買物独案内』には、小川二条上る山形屋利兵衛宅が、丹波国船井郡八木嶋村園田三郎右衛門のつくった「根元ほり切　桑酒中風薬」を扱っている。丹波の桑酒も息が長く、大正年間まで市内で販売が続けられた。

泡盛

琉球泡盛に関する記事は意外に古くからある。私が見た一番古い記録は、薩摩藩が琉球王国に侵攻して十年後の元和五年（一六一九）に、秋田藩家老梅津政景が、京都において島津家久の使いから黒糖五十斤と「泡もりと申りうきう酒つほ壱ツ」を贈られたというものである。

また天保二年版『商人買物独案内』にも、東中筋花屋町麹屋理兵衛の店で「御銘千代の松」と「琉球　あはもり」も販売している。京都では琉球渡来の珍しい酒として喜ばれたのだろう。

京都酒の評判

「灘の男酒伏見の女酒」という言葉が昔からあるように、辛口で切れのよい男性的灘酒に比べ、甘口でたおやかな京都酒はたしかに女性的である。京都の酒については、先の人見必大著『本朝食鑑』も以下のように指摘している。

それで和州南都《なら》の造酒が第一とされ、摂州の伊丹・鴻の池・池田・富田のがこれに次ぐ。その他は各地の市の民が盛んに造っているとはいえ、水に強弱・清濁があったり、米に肥瘦・精粗があったりして酒の味は佳くない。京師《きようと》は和州・摂州に近く、水も米も極めて好い。それなのに、造酒が甘きに失して佳くないのは、和・摂にははなはだ邇《ちか》いという条件に頼って修造に力を竭《つく》さぬ故であろうか(25)。

水と米の重要性はすでに当時から認識されている。和・摂にははなはだ近いという条件に頼っているとは、一生懸命につくらなくてもよいという態度が見えるということか。「甘きに失して佳くない」は、後の時代の批評にもよく出てくる。

京都鴨川べりの「山紫水明処」に住んだ頼山陽《らいさんよう》（一七八〇―一八三二）が地元の酒よりも伊丹酒をことのほか愛で、伊丹酒と琵琶湖の魚が入手できる土地なら仕官してもよいといったという話はあまりにも有名である。山陽は伊丹坂上氏の「剣菱」を特に好み、その名を入れた「戯れに摂州の歌を作る」という漢詩まである。山陽は備後神辺に住む師の菅茶山《かんちやざん》にたびたび「剣菱」を贈ったが、茶山は「其の酒の頸烈なるは其の詩の如し」と評した。剣と菱を組み合わせた「剣菱」の商標は、灘酒となった現在も受け継がれ、酒は「剣菱」しか飲まないという熱心なファンがいる。

江戸の川柳に、

すき腹に剣菱えぐるやうにきき

というのがあるが、江戸では「剣菱」に代表される辛口酒が歓迎された。

先にも記した『京都土産』は、関東人による東西比較だが、京都に対しては総じて点が辛い。食と酒に関する部分を取り上げてみると、京都の美点は、「飲物の節倹」、「茶菓之美味」、「河魚之珍味」であるが、悪口もたっぷりある。それによると、京都の発酵食品はすべて落第点がつけられている。曰く、

醤油は多く地元製で、色薄く、味悪く、備前ならびに播州龍野より出るものをよしとするが、なかなか関東の下等の品にも及ばない。それゆえ調理店で鮮魚、新しいおかずなどをつくると味がよくないのは、調理が下手なだけではない。醤油が悪いためであろう。

酢は皆地元製で、酸味はあるが、この味は甘味ではない。

味醂は地元製もあるがよくない。伊丹産を上質としている。品質は悪くはないが、その味が淡く薄く、流山の古味醂に比べるとはるかに劣る。

酒。洛中は古来地元産の酒だけで、伊丹、池田の酒を入れることを禁じたので、洛中では皆その味を知ることができなかったが、伊丹はもともと近衛殿の御領地で、どのようにして周旋されたのか、この二十年来市中に入ることを得たのである。二十年以上前には伊丹の名はあっても、

市中では本当の伊丹酒を販売する者はなかったのに、近年は近衛殿から一年に酒千石と決めて洛中の酒屋達に分割して払い下げられることになった。それ以上は近衛殿の御屋敷に参ればいくらでも払い下げてもらえるので、最近ではどこでも伊丹酒の招牌《かんばん》を出している。この味は地元の酒とは段違いである。しかし市中の売物はどういうわけか江戸の伊丹酒にははるかに及ばない。また南蛮酒というものがある。焼酎に味醂を加えた江戸の本直しのようなものである。味はよくない。(26)

薄味の京料理は、関東人には水っぽくてまずいと感じられたろう。京都は醤油発祥の地と考えられるが、この頃になると江戸では銚子や野田産の濃口醤油が関西の「下り醤油」を圧倒していたのに、京都では醤油も酒同様に他国産を締め出していた。淡口京都醤油の味など論外だったろう。味醂も本場は関東の流山である。

この文章を読むと、洛中で伊丹酒が販売されることになったそれより二十年前の事情がよくわかる。年間三七五〇樽はおよそ酒千石になる。伊丹酒に到底及ばない京都酒は、皆が買いたがらないのももっともである。酒と醤油の生産停滞、品質の低下は、長い間競争がないと物づくりに身が入らず、衰退していくというよい見本だろう。こうした批判で少しは品質が向上したろうか。

南蛮酒も、京都名物としてかなり後年まで続いたが、決しておいしくなかったようだ。

江戸の狂歌師大田南畝《おおたなんぽ》（蜀山人）（一七四九―一八二三）が京都の旅館でたわむれに書いた『京風いろは短歌稿』なるものがあるが、これもまことに辛辣な京都批判である。「い」の「いまぞ知る、花の都の人心」にはじまり、「す」の「すめば都と申せども京にはあきはて候かしく」で結ばれている。最初のうちこそ愛想がよいが、金の切れ目が縁の切れ目の薄情な遊里、裏と表の見事な使い分け、意外に不潔な町、ケチでまずい食事などがやり玉にあげられている。

京都流酒造技術

戦国時代の終わり頃から、奈良興福寺の塔頭を中心に「寒造り」、「諸白化」、「火入れ」など革新的な技術が開発され、こうした新技術は、やがて和泉の堺、摂津の伊丹、鴻池、池田などへ伝えられ、江戸時代元禄期頃までにはほぼ完成の域に達した。

江戸時代の京都で何か革新的技術が開発されたかというと、残念ながら見当たらない。しかし「伊丹流」、「灘流」などに対する「京都流」酒造技術は存在したようである。洛中の酒屋で現在まで続いているものはほとんどないから、技術文献も残っていない。京都にも「京諸白」なる高級酒が存在したが、技術の詳細まではわからない。断片的ではあるが、現存する数少ない文献に当たってみる。

その一つは、新潟県糸魚川市の旧家小林家の先祖が、寛文三―九年（一六六三―一六六九）に近畿、北陸地方の酒造家をたずね歩いて、杜氏の口伝、覚書をまとめた『小林家文書』であり、『新潟県酒造史』に収録されている。おぼろげながら当時の京都、大坂流酒造技術を知ることができる。

この頃、酒はすでに諸白造りが主体となっていたが、総じて濃醇な甘口酒が好まれたから、蒸米に対する麹の割合（「麹歩合」）が高く、また加える「汲水」の量も少ない。

まず「酛」について述べると、酛は文字通り酒づくりの元になるもので、アルコール発酵を行なう清酒酵母を、ほぼ純粋に近い状態で増殖させるものである。この酛に「掛け」と称して蒸米、麹、水をふつう三回に分けて加え、培養の規模を次第に大きくしていく。

同書の「酛」づくりは、以下の三種がある。

（1）「生酛」

（2）「漬け酛」（ふつう「菩提酛」、「水酛」という）

（3）「煮酛」（同書では「仁本」）

（1）の生酛は、「半切」とよばれる浅いたらい状の桶の中で、蒸米、麹、水を櫂で擂り潰す。この作業はきわめて重労働で、「山卸《やまおろし》」とよばれる。じっくり時間をかけて乳酸菌数と酵母数のバランスをうまく取り、微生物相が変化するのを待ちながら、最終的には酵母だけを増殖させる。こうしてできあがった酛は、「枯らし」と称し、使用直前まで休ませておく。生酛は主に一年で一番寒い時期の「寒造り」で行なわれた。

生酛づくりでは先に増殖する乳酸菌が産生する乳酸が鍵となる。その理由は、酵母はpH四・五程度の弱酸性の条件下でも増殖できるが、酒づくりに有害な雑菌は死滅してしまうからである。ではあらかじめ酛に乳酸を加えておけば、同様の効果が得られるのではないか。こうした考えから明治四十三年（一九一〇）に大蔵省醸造試験所の江田鎌治郎によって「速醸酛」が発明された。工業的に乳酸が大量生産されるようになると、多くの半切桶、人手、時間を要する生酛は次第に行なわれなくなり、現在では少数派となってしまった。但し、速醸酛を使った酒では、生酛のようなふくらみとキレのある味が出せないと、あくまで生酛を主体にしているメーカーもある。

（2）漬け酛　もともと奈良の菩提山正暦寺で開発されたので「菩提酛」、「水酛」とも称する。かつては晩夏から初秋につくる酒で広く使用された。蒸米にする米の一部を取って飯を炊き、笊籬（ざるのこと）に入れて五、六日から十日程度生米と共に水に浸けておくと、飯が乳酸発酵して酸っぱい臭いがついてくる。この乳酸酸性の状態で、残りの生米を蒸して、使用する。

酵母は、生成した乳酸の下で安定的に増殖できる。気温が高く、さまざまな雑菌が侵入して酛づくりに失敗しやすいこの時期、かつて広く行なわれた方法である。最近奈良の酒造メーカーが集まって、名前由来の奈良市菩提山正暦寺において復元の試みがある。

江戸時代の技術書は、この酛は酒に微妙な味わいが少ないとしているが、高く評価する向きもある。

（3）煮酛　（2）の漬け酛を使用すると発酵が早く進みすぎる、仲秋から秋の末頃まで使用する。酛を仕込んで三から十日位たって泡が立ちはじめた頃に、釜に入れて煮る。現在では「高温糖化法」とよばれる。高温下でコウジカビによるでんぷん糖化反応、酵母の増殖を早めてやるのだが、直接釜の中で煮るから、焦げつかないよう注意し、またすぐに冷却しなければならない。温度管理がむずかしいので、現在ではほとんど行なわれない。

さてこの『小林家文書』[27]によると、烏丸二条上る「近江屋」の酒は、寒造りは生酛（育酛）、新酒は煮酛づくりになっている。

生酛は前述のようにもっとも伝統的な酛づくり法である。上白米六斗を三日間水に漬け、日に一度水をかえる。麹は白米の七割の四斗二升、汲水は白米一斗あたり一斗二升。九、十月は半切桶四つ、十一、十二月は半切桶四つに入れる。

蒸米に対する麹の割合を「麹歩合」とよぶが、これが七割もあって甘口濃厚な酒向きである。また総米（蒸米＋麹）に対する汲水の割合を「汲水歩合」とよぶが、これは八水（〇・八）程度で、辛口といわれた灘酒が「十水《とみず》」（一・〇）であったのに比べると低い。

一方新酒は煮酛づくりで、蒸米三斗、麹二斗一升（七割麹）、汲水は蒸米の一・二倍とし、これを半切五枚に仕込む。つぶ泡が立ち、煮酛でたくさん泡が立った時に甕におろし、泡と色を見ながら掛け時を判断する。

新酒では他に「漬け酛（菩提酛）」による製法もある。

これまでも述べてきたが、日本酒はきわめて腐敗しやすい酒であるから、戦国時代末頃から「火入れ」とよばれる低温殺菌法の実施によって防腐を行なってきた。その方法は暑くなってくる旧暦の四月頃に、酒を火入れ釜とよばれる釜に入れ、直火で加熱するものである。ふつう火入れは二度行なう。京諸白では「仁酒（煮酒）」と称し、一番火は四月五日、二番火は酒により三十日から五、六十日後に行なうが、火入れ時期の判断は、酒の臭いを嗅いでみて香ばしく、少し酢気がある、その時酒に燗をしてみて早く煮るのがよいとしている。

新しい杉材には防腐効果があることも知られていて、暑い時は、かんな屑を酒十石につき一貫匁（約三・七五キロ）加えて封をするとよいとある。

この聞書きには他に「ろさん」、「みわら新酒」というものがあって興味深い。「ろさん」とは糯米に麹を加え、糖化反応を酒中で行なうもの。酒を甘口にしたい場合など、諸白に一割程度加えると上々の酒になる。

また「みわら新酒」は、手持ちの酒が足りない時に小規模で仕込む酒である。即製酒に近い酒で、生酛ではなく「水麹」（水中で麹の糖化酵素を溶出させる操作）を行ない、二十七日程度の短期間で上槽する。出来上がった酒の味を調整することは、当時から広く行なわれていたようである。

京都名産「南蛮酒」は、名前から想像されるような外国風の酒ではない。二斗の焼酎に糯米一斗、麹七升を加えて糖化させ、甘味をつけるのである。また出来上がった焼酎と味醂を半々にして割る簡便法もあったようだ。

もう一つ、江戸時代後期の京都酒の技術を知りうる覚書として、寛政十年（一七九八）に、京都四条組坂本屋の杜氏坂井新左衛門が、自らの体験を元に書き残した『五十八番　酒造方仕法伝』というものがある[28]。本書も「菊酛（菩提酛）」と「煮酛」に関してくわしい解説がされている。

菩提酛（本書では菊酛）は、前述のものとほぼ同じである。また「新酒」の定義も時代と共に変化しているが、当時は新暦十月頃につくった。新酒には菩提酛が使用されている。まだ気温がかなり高い時期であるから、初添の翌日に仲添、その翌日に留添を行ない、蒸米はよく冷ましてから、また仲添の水麹と櫂入れを控えるよう指示している。

また「煮酛」を使うのは、気候の安定しない時期から酛づくりをはじめたが、途中で発酵が止まってしまうと感じた時である。一石の酛を大釜に打ち込んで軽く火を当てて壺台（酛卸桶）におろし、莚でまわりを包む。酛を長く枯らしてはいけないとある。温度調節がむずかしいから、糖化、発酵がうまく進まない時の緊急用と思われる。

主力となる寒酒の場合、伝統的な「生酛」づくりによっているが、初添は一様には行なわず、酛の老若を考慮せよとある。温度制御も今のように簡単ではないから、冷ます際は半切桶に分散させ、温める際は湯を詰めた「暖気樽《だきだる》」を酛に入れた。また醪の発酵は、水麹、また蒸米を掛ける時期を加減して調節している。

京都では酒造原料米はどこから購入していたのだろうか。大坂のように各地の米が集まる市場があったわけではなく、川本家では主に隣の江州米を購入している。現在のように産地を明記した酒米は、まだ一般的ではなかったようだ。

江戸時代後期になって灘酒が他産地の酒を圧倒した理由は、一つは先の効率のよい「十水」仕込み、もう一つは六甲山系の急峻な地形を利用した水車精米の普及である。「唐臼《からうす》」とよばれる従来の足踏み式では、精米歩合（白米÷玄米×百パーセント）はせいぜい九十パーセント程度にしかならないが、水車精米では八十パーセント位にまで精白できる。一般に米は精白すればするほど雑味が少ない淡麗な酒をつくることができる。

平坦な盆地の京都市街地では、ほとんど唐臼を使用する精米だったが、なかには水車精米を試みた例もある。文政四年（一八二一）正月、丸太町富小路西入る町の酒屋尾道屋武兵衛は、紙屋川沿いに精米用水車の設置を願い出た。その理由としてこれまで酒造米は賃踏みであったが、値段が引き合わないために水車を設置する適地を探していた。今後は水車精米にかえたいので、地主の了解も得たとしている(29)。しかし同年四月になると、下流の千本廻りの村から、ただでさえ干ばつで苦しんでいるのに水車の設置などは迷惑だとの苦情が出された(30)。おそらくこの水車は設置されなかったのだろう。

明治に入って琵琶湖疏水が建設されるまで、京都の悩みは干ばつ時の水不足だった。それでも東山白川沿いの酒屋では、一部水車精米も行なわれていたようである。

麹屋と種麹屋

室町時代北野麹座の盛衰については第五章において述べた。酒づくりに必須である麹を安定的に保存するには、どうしたらよいだろうか。古くから酒屋ではシーズンの最後につくった麹の一部を「友種《ともだね》」と称し、次回のために取っておくことが行なわれてきた。

江戸時代初期の酒造技術書『童蒙酒造記《どうもうしゅぞうき》』（一六八七）には、「糵《もやし》とハ、麹の花の事也」とある。平安時代の『延喜式』「造酒司」では、糵は麹そのものを指していたが、『童蒙酒造記』は胞子がたくさん着生した種麹を糵（げつ もやし）と表現し、蒸米にコウジカビが増殖した麹（糀）と区別している。

木灰を蒸米に添加すると、コウジカビの分生子（胞子）の生産性と耐久力が高まることが発見されたのは、室町時代のことらしい。木灰はアルカリ性であるから、さまざまな有害菌の増殖を阻止することができる。

「麹屋《こうじや》」は、麹をつくり酒屋、醤油屋、味噌屋など大量に使用する店に販売する。やや紛らわしいが、麹の元になる種麹をつくって酒屋、味噌屋、麹屋に売るのが「種麹屋《もやしや》」である。関西では明治四十年代頃から、京都、大阪に何軒かの専門種麹屋が出現し、酒屋も種麹屋から種麹を購入するようになった。種麹は、昔は紙袋、現在では缶に入れて販売されている。

従来の研究では、江戸時代種麹屋が存在したことは疑問視されていたが、山下勝、山下美智子両氏が京都府立総合資料館所蔵の『近江屋吉左衛門家文書』を中心に検討された結果、その存在が明らかにされた。(31)(32)

この近江屋の先祖である「赤判もやし」は、江戸時代初期の延宝七年（一六七九）に京都において創業したが、昭和三十五年（一九六〇）に廃業した折、同家の諸文書一式が京都府立総合資料館に寄付された。

これら文書の中にある『糵法伝書《げつほうでんしょ》』（一七六九）には、種麹の製法が詳述されている。同書でも種麹は「もやし」であり、「麹」とは区別されている。同家はもやしを専門に製造する業者だった。

今の京都では、祇園八坂神社の近くで「菱六」という屋号の種麹屋が営業を続けている。同家の創業は江戸時代の寛文年間で、昔の屋号は「梅六」といい、明治三十一年にこれを引きついだ当主が「菱六もやし」に改名したという。

衰退する京都

江戸時代も後半になると、かつて産業の中心地だった京都の衰退が誰の目にも明らかになってくる。

西陣織などに見られるように、地方に伝えられた京都の高度な技術が安くて品質のよい製品を生み出すことになり、そのため京都の産業が圧迫されるという構図である。こうした地方を下請けにして、京都で高級品を生産するのならまだしも、酒ではそうもいかない。生産規模も小さく、特にこれといってすぐれた技術もなく、全国的に評価が高いわけでもない京都の酒屋は、消極的な棲み分けによって互いの利益を守るしかなかった。

加えて数々の災害が京都を襲い、衰退を加速させた。天明八年（一七八八）正月三十日、鴨川の東岸から出た火は二日間にわたって京都の市街地をほぼ焼き尽くした。先の川本家があった仏光寺油小路あたりはもちろん、京都御所まで焼失してしまうという大災害だった。

江戸時代三大飢饉の一つである「天保飢饉」の状況も、断片的ではあるが前記『川本家文書』に記録されている(33)。

天保七年（一八三六）は四月下旬から多雨、低温が続いて米は次第に値上がりし、九月に入ると原料の江州米が暴騰、さらに十から十一月中旬には米がなくなって、京都中の酒屋は仕込みが大変困難になった。酒屋では下等な備前米なども使用したが、それでも米一石につき銀一五五から一七〇匁の高値であり、同年は三分の一づくりで酒はまったく足りなかった。翌八年には酒一升が三八〇文だった。この年も米は高値で、最高米一石銀三五〇文まであがった。

人々は大いに困窮し、大根、かぼちゃなど青物の値段も百年来ないほどの値段となった。京都市中では何軒かの米屋が「こぼち（打ちこわし）」に会っている。

天保改革の物価引下げ令によって利益の少なくなった酒屋が、酒に水を混ぜて販売する悪辣な商売を行ない、そうした行為を禁じる触書も出されている。

さらに幕末元治元年（一八六四）の「蛤御門の変」によって焼野原となってしまった市街地の復興には長い時間を要し、明治初年になっても市内にはまだ多くの空き地が残っていたという。そうした状況の下で京都は東京遷都という新たな試練に直面するのである。

コラム

酒造資料館

京都の酒も他の産地と同様、すべての銘柄をそろえたアンテナショップが市内に開設され、新幹線八条口の京都酒コーナーも観光客で賑わっている。伏見の酒蔵見学コースは、大型観光バスも立ち寄る人気スポットとなっている。酒づくりの工程を見学し、おみやげをあれこれ探すのは楽しい。酒づくりを知ることができる酒造資料館として、現在「月桂冠大倉記念館」、「黄桜カッパカントリー」、「キンシ正宗堀野記念館」などがある。

月桂冠大倉記念館（伏見区南浜町）

伏見寺田屋のすぐ近く、かつての大倉家居宅の隣にある。多くの観光バスが立ち寄り、水辺に建つ酒蔵の風景は絵になり、京都の観光ポスターにもしばしば登場する。

酒造道具類、同社の歴史を語る数々の資料が丁寧な解説をつけて展示されている。古い酒造道具類を展示している酒造記念館は全国各地にあるが、それらの道具が実際に使われていた状況を見ることのできる場所は少なく、展示されているのは、いわば死んだ道具である。機械が動いている状態、蒸米の温かさ、麹、醪のにおい、吹き上る泡などを目で見、身体で感じ取ることができれば、発酵に対する理解がもっと深まるのにとかねて思っていた。

内蔵奥のミニプラント、「月桂冠酒香坊《さけこうぼう》」は、年間四十キロリットルの生産能力があり、現に稼働している工房である。予約をすればガラス戸越しに酒づくり工程を見学することもできる。

月桂冠は伏見の最大手だが、徹底的に合理化された近代的な工場における生産だけでなく、昔ながらの手づくりも大切にしている。古くからの各流派の杜氏の技、データもしっかり遺産として次の世代に継承されているのである。

黄桜カッパカントリー（伏見区塩屋町）

「黄桜」の酒銘は黄緑色の花をつける優雅な「鬱金《うこん》ザクラ」からとったという。昔は甘口の大衆酒を中心にした大手で、学生時代コンパでよくお世話になった。最近では辛口酒や高級酒も手掛けている。酒づくりの工程が紹介され、また湧き出る伏見の井戸水を分けていただくこともできる。「黄桜」といえばあのカッパ漫画のCMを思い出すが、代々のCMポスターが展示され、レストランも併設されている。

京都ではいくつかのメーカーが日本酒だけでなく地ビールも醸造しているので、日本酒が苦手な人も酒と食事を楽しむことができる。

キンシ正宗堀野記念館（中京区堺町二条上る）

「キンシ正宗」の酒蔵は明治十三年（一八八〇）に伏見へ移転しており、ここでは現在日本酒はつくられていない。同社の創業は天明元年（一七八一）と、あの「天明大火」（一七八八）よりも前である。酒造道具類を展示した酒蔵と当主堀野家の旧宅が残されている。本文中でも述べたが、奥行の深い建物、狭い急階段など、かつての京都市中の小さな酒蔵の雰囲気がよく残っている。

庭にある「桃の井」は創業当時からの井戸で、現在もこんこんと清水が湧き出している。このあたりはよい水に恵まれている。日本酒はつくられていないが、隣接の「京都町家麦酒醸造所」では地ビールを醸造しており、併設のレストランで味わうことができる。

コラム

旧市内に残る酒蔵

旧京都市内の酒蔵はほとんどが消え去ってしまったが、それぞれの特徴を出しつつ頑張っている酒蔵もいくつかあるので、紹介したい。

松井酒造（左京区吉田河原町）

松井酒造の歴史は古く、先祖が兵庫県の香住町で酒屋をはじめたのは江戸時代の享保年間という。その後河原町竹屋町を経て大正末に現在地に移転した。一時は酒づくりを中断し、跡地はマンションになったが、二〇〇九年に再開した。マンションの一階は酒林をつるした昔風の店舗であるが、低温発酵が可能な新鋭サーマル発酵タンクを備え、酒はマイナス五度で熟成させ、また所要電力の六割を太陽光発電でまかなう仕組みである。杜氏がいなくとも、経営者自らが酒づくりを学んで機械化すれば、酒づくりは十分可能であるという、都市型酒屋の一つの方向性を示しているように思う。

酒銘は「京千歳」、またかつての秋山酒造から引き継いだ「金瓢」の他、近くの吉田神社のお神酒もつくっている。

佐々木酒造（上京区日暮通椹木町）

烏丸丸太町から少し西へ入ったこのあたりは、豊臣秀吉が聚楽第を建てた場所で、平安京の内酒殿、室町時代の酒屋、明治に入ってからは京都最大の京都酒造など、昔から多くの造り酒屋が立ち並んでいた地域である。

佐々木酒造の創業は明治二十六年である。うっかりしていると気づかずに通り過ぎてしまいそうな地味な店構えであるが、「聚楽第」、「古都」、「まるたけえびす」などの銘柄をつくり、京都市産業技術研究所と共同開発した吟醸酵母「京の琴」を使用している。

写真　佐々木酒造（2015）

第七章　明治以降の京都酒

舎密局のビール

観光客でにぎわう平安神宮大鳥居のすぐ近くに、胸像をはめ込んだ「ワグネル博士顕彰碑」がひっそりと建っている（**写真7−1**）。東京遷都後、衰退はなはだしかった京都の産業振興策として京都府が設立したのが、工業試験所ともいうべき役所、「舎密局《せいみきょく》」であるが、ここでのビール醸造はドイツ人ワグネルの指導によるものといわれている。

京都におけるビール醸造は、明治十年（一八七七）に舎密局によってはじめられたが、わずか四年足らずで挫折してしまった。その後いくつかの小メーカーがビールの醸造を試みたが、明治二十年代に入ると東京、大阪の大メーカーの製品におされ、ほとんどが淘汰されてしまった。京都ビールの短い歩みをたどってみたい。

明治三年（一八七〇）三月、京都府は洋学者山本覚馬《やまもとかくま》（一八二八―一八九二）を雇用することになった。京都府が山本を採用した意図は、「京都は積年の陋習と地勢のため、人民の開化、文明開化も進みかね、自ら職業興隆、物産富殖の道も開きがたく、はなはだ苦心をしていたが、海外事情にく

写真7－1　ワグネル博士顕彰碑（2015、撮影 工藤健太）

わしい人材もなかったので、今回山本覚馬を登用し、諸人に教授させたい」というものであった。会津藩きっての逸材といわれた山本は、蘭学も学んでおり、その後京都府顧問として知事槇村正直《まきむらまさなお》を助け、舎密局の開設、国内勧業博覧会の開催などに尽力した。また妹の八重は、同志社の創設者新島襄の夫人である。

同年十一月、京都府は、プロシア人教師（名前は不詳）を招聘して語学、数学を教授させると共に、水理、地理物産、器械などを伝習させることとした。京都府による外国人雇用のはじまりである。

さらに十二月、京都府は勧業場内に舎密製造所仮局を設置したが、「舎密《せいみ》」は、「化学」という語が普及する前に用いられた語である。

五年一月には、鴨川西岸二条の現在銅駝美術工芸高校の建っている場所に舎密局分局が建設され、まず石けんと氷糖を製造した。また仮局の建物は手狭であったので、本局の建物をつくることになり、六年八月に竣工した。

舎密局の業務は工業製品の製造指導、舶来医薬品・食物・飲料の検査、教育などであった。明治四年からリモナーデ（レモン水）、公膳ポンス（ラムネ）、イポカラス（生姜入りワイン）などの飲料を製造販売したが、人気の高かったリモナーデは、舎密局廃止後も何軒かの薬局が製造販売していた。(1)

明治十年一月、京都府は明治天皇を迎え、産業基立金で設立した諸施設の調書、事務の概略、また物産を天覧に供した。産業基立金は皇室からの下賜金が主体であり、総額十万円、原資のうち三万円が舎密局関係で、薬物検査所、石鹸所、氷糖所、防臭薬所、点灯所、炭酸泉汲取所、麦酒製造所などの建設に充てられた。行政資料に麦酒製造所のことが記載されるのはこの頃からである。(2)


ドイツ人ゴッドフレート・ワグネル（一八三一—一八九二）が大学南校ドイツ語教師、大学東校理化学教師などを経て京都府に雇用されたのは、明治十一年二月二十一日付のことである。(3)彼は二月三日京都に到着し、舎密局に近い旧聖護院御殿に滞在した。前任者オランダ人ヘールツの仕事を引きついで化学全般の講義を担当した。着任後は京都府勧業課との話し合いにより、石けん、酒、陶器、ガラスなどを製造することになり、毎日実地試験を行なったと新聞に報道されている。

もっとも、ワグネルが力を入れたのは主に七宝焼など陶磁器製造の指導であった。ビールの醸造は前年の十年七月からすでにはじめられており、彼が関与したことを裏付ける資料は見出せなかった。十一年には京都御所内で京都博覧会が開催されているが、ここでも舎密局ビールに関する報道はない。

「麦酒醸造所」は東山山麓の新高雄に建設された。「新高雄」は清水寺の境内にあって、洛西の紅葉の名所高雄に似ていることから命名された。九年に清水が湧出したことが報道されているが、これをビール醸造に使用した。(4)

多くの文献が舎密局ビールの醸造開始を明治十年七月とする典拠は、大正四年発行の『京都府誌』の記述であるが、(5)他にはこれを裏付ける新聞報道などは見当たらない。十年二月には九州で西南戦争がはじまり、夏以降関西ではコレラが大流行するなど多難な年で、新聞もビールなどに注意を払ってはいられなかったのかもしれない。

行政資料によると、九年三月五日には「舎密局麦酒製造掛」として近くに住む大橋芳蔵が任命され、(6)同年一月から十一月にかけて京都府と土地所有者との間で用地買収交渉が行なわれていることから、(7)麦酒醸造所の建物は十年春頃までには完成し、ビール醸造が開始されたと思われる。

麦酒醸造所の正確な位置は、清水寺舞台下の東南、音羽の滝に近い約三五〇坪の土地で、当時の写真からは「京都舎密局麦酒醸造所」の文字が読み取れるが、民家風の小さな建物である。現地を訪れてみると谷間のまことに狭い土地であるが、名水音羽の滝に近く、酒づくりに好適ということで選定されたのであろう。

製造掛の大橋が舎密局において前任者ヘールツからビール製造の講義を受けていたのか、ラベル、製造法の詳細、原料の入手先などに関しても残念ながら手がかりがない。

舎密局のビールは長続きしなかった。かねて病気、辞任の噂があった京都府知事槇村正直は、明治十四年一月正式に辞表を提出し、有能な殖産家、医師の明石博高《あかしひろたか》（一八三九―一九一〇）も同時に辞任してしまった。後任知事の北垣国道《きたがきこくどう》が着任する前に舎密局廃止の噂が流れ、二月に入ると早くも工場の土地建物は民間に払い下げられることになったのである。

この間の詳しい事情はわからないが、明治初期に行なわれた多くの官営事業同様、経費ばかりかさんで製品は売れず、採算がとれなかったようである。北垣新知事は着任後さっそく福島県の猪苗代用水を視察している。京都府は舎密局事業よりも、琵琶湖疏水の開削による水道、水力発電、水運開発に力を注ぐことになったのである。

舎密局の廃止にともなって、その土地、建物は処分され、ワグネルも東京大学教授となって京都を去った。その後明石博高が土地建物の払い下げを受け、事業を継続したが、ことごとく失敗に終わった。舎密局の建物は明治二十年頃には荒廃し、二十八年に火事で焼失してしまった。

結局舎密局におけるビール醸造は、わずか四年足らずで終わってしまったことになる。ビールという新奇な苦い飲物を一般庶民が楽しむには、まだ時代が早かったようだ。しかしこの時京都府に講習参加を命じられた酒屋が何軒かあり、後に彼らがビールの醸造をはじめたともいわれ、舎密局の技術も継承されたようである。

また十四年五月には上京区の士族岩橋元柔が、森中新平とビール、葡萄酒、リモナーデなどの製造販売を計画したが、実際には酒類は販売しなかった。

民間会社のビール

舎密局の廃止後に京都でビールを醸造した民間会社はいずれもきわめて小規模なもので、おおむね明治二十四年頃までに姿を消してしまった。

まず明治十五年に大阪の「浪花麦酒」が進出してきたが、品質不良ゆえか、まもなく撤退した。民間ビールは、十六年発行の『都の魁《さきがけ》』に広告が掲載されている小田原町松原下がるの「盛麦酒」が最初であろう。(8) 盛麦酒の「盛」は、技師長鮫島盛の名前からとったらしい。この会社は「盛ビール製造所末広社」を名乗り、小規模な会社としては比較的頑張った方である。十八年四月には、麦酒用の樽を一五〇〇丁購入したい旨の広告を、五月には売り出し広告を掲載している。

当社製造の盛ビール儀は、先年鮫島盛氏欧行し、各国麦酒製造所に就て一々其蘊奥を究め、之に氏が多年経験せし方法を斟酌したるものにて、其製造の淳良なる其味の殊佳なる舶来の麦酒と雖ども遠く及ばざる所ろ随て其声価も亦日に増し月に博く凡そ一乾坤中又と之に比すべきものなきに至る。実に盛ビールの名に反かざるなり。茲に於て今回益々之が販路を拡めんとし、大いに各地に売捌きを置く。(9)

相当な自信をもって販売をはじめたことがうかがえる。鮫島は開業に先立ってヨーロッパの工場を視察したようだ。扇を描いたラベルには「Mori Pale Ale」と見えるので、ドイツ式ラガービールではなく、英国式ペールエールだったらしい。

「盛麦酒」は米国ニューオーリンズ万国博覧会において金牌を受賞したのをきっかけに、ラベルに受賞牌を貼り、名称も「扇ビール」（Auki Pale Ale）、社名を京都末広社に改めた。十八年は販売好調で三百石を製造したが売り切れ、十九年はさらに製造量をふやして五百石とした。

同社はその後しばらく廃業していたが、新たに内貴甚三郎ら京都の有力財界人九名が出資して資本金十万円を集め、建物を新築、ドイツ製新式機械も購入、「改良末広社」として再出発した。役員の多くは酒造商であった。内貴が社長、鮫島は技師長になった。鮫島は後に台湾に渡りレンガ工場を創業したが、三十二年（一八九九）同地で急逝した。

二十年七月、渋沢栄一が横浜に設立するビール会社に赴任予定のドイツ人技師、ヘカス氏（原文のまま、ヘルマン・ヘッケルトのことか）が、神戸から京都の同社を訪れ、原料麦の良否鑑別などを行なっている。彼の横浜における契約期間は満三年、最初の一年間は月給一五〇円、以後二年目一七五円、三年目二百円で、かつ販売高千円につき二五〇円の利益金を与えるという好待遇だった。この横浜のビール会社とは、ジャパン・ブルワリー（後の麒麟麦酒）のことらしい(10)。

末広社の醸造技術に関しては地元紙に興味深い記事がある。

末広社のビールは暫時改良を加えるつもりで、二十年一月の製品は、沸騰強く、酸質を帯び、曇色で濁りが沈殿せず、風味も十分でなかった。ドイツの醸造所では「冷し場」の設備があると聞き、試みに醸造場の屋根を二重とし、四方を囲って温度を下げたところ、暑中九十度（摂氏三十二・二度）の日中には七、八度の低下でビールにもさしたる影響もなかったので、冷し場が必要との感覚もなかった。しかし、社員がある料理屋でビールを求めたところべっ甲色、透明で酸もなかった。もっとも味がよかったので壜を見ると末広社のものであったので、その貯蔵法を尋ねたところ壜のまま井戸で冷して五日間を経たものであるという。そこで社員ははじめて冷し場が必要であることを信じ、早速技師にも話し、ビールを井戸中で冷して五日後試みたところ濁りもしずまり、透明になったので、いよいよ冷し場が必要であると感じ、今度新築する醸造場には冷室を設けることにした。その費用は二万円の予算を立て、なおまたドイツから器械を購入する費用を五万七〇〇〇円と定めた。(11)

当時京都市内にはまだ電気も引かれていなかったから、電気冷蔵庫もなく、またビールを貯蔵する時に冷却することの重要性も知られていなかったのである。

二十一年十一月に造石高は五百石に達した。しかし製品の品質、会社の経営状態にはかなり問題があった。地元紙は、「扇麦酒といえば不味い方ではずいぶん顔の売れている麦酒だが、製造元の末広社は二十三年八月の株主総会において経営困難のため解散することになった」と酷評している。(12)

日本ではこの頃からラガービールの人気が高まり、ドイツビールの輸入量は二十年から急増する。東京目黒の「ヱビスビール」の京都における販売は先の鮫島盛が引き受けた。

他には高瀬川西岸蛸薬師通の「井筒ビール」、御幸町五条下るの「九重ビール」、三条通白川橋東詰の「兜ビール」などがあった。しかし明治十九年度の京都市内におけるビール製造量は清酒の四万二六〇一石に対して、わずか八〇五石にすぎず、まことに微々たる生産量であった[13]。

明治十年代から二十年代にかけて日本全国に多数出現し、文字通り泡のように消え去った「泡沫ビール」は、簡単な設備で製造できる英国式のエールから、大規模な冷却設備を必要とするドイツ式のラガービールへ移行する過程の産物だった。その後日本のビールは大規模ビール会社による寡占状態が長く続くことになるのである。しかし近年の規制緩和後は、京都でもいくつかの清酒メーカーがミニブルワリーで地ビールを製造している。

酒造株の廃止と酒税

ビールから日本酒に話を戻そう。慶応四年（明治元年）（一八六八）の鳥羽伏見の戦いによって伏見の町は大きな被害を受け、多数の酒蔵が焼失してしまった。同年五月、新政府は造り酒屋に対して、酒造株の鑑札改めと清酒百石当り二十両の冥加金《みようがきん》を納めることを命じた。これは従来の酒株制を引きついだものであったが、酒屋にとって冥加金の負担はきわめて重いものであった。

しかし明治四年（一八七一）七月の太政官布告第三八九号によって状況は大きく変化した。それは、

①旧来の鑑札を廃止し、新たな鑑札を公布する。

②新規免許料は金十両、造石高に関係なく、免許料を稼人一人に付毎年金五両納付する。

③従価税である醸造税を売価の五パーセント納める。

という内容だった。

免許料は造石高とは関係がなく、また税金は従価税の醸造税になったから政策は大きく変化し、酒づくりは建前としては営業自由になった。しかし従価税は酒造業者組合による報告をもとにしたものだったから、つねに不正申告や脱税の懸念がつきまとうことになった。

明治十一年（一八七八）からは従価税を廃止し、従量税である「造石税」が採用され、その額は当初酒一石に付き金一円だった。取り締まる側からすれば、酒の販売過程で課税する従価税に比べ効率がよいが、酒屋にしてみれば、国の酒造検査はきわめてきびしく負担が重い。明治十三年になって鑑札制度は廃止され、届け出て免許を取れば、基本的には誰でも酒造業に参入できることになった。

明治時代前期、酒造業は産業の中でどのような地位を占めていたろうか。たびたび引用される明治七年（一八七四）の『府県物産表』によれば、酒は生産額で米に次ぎ、全工業生産高の十六・七パーセントを占める工業製品であり、織物をもしのいでいる。[14] 清酒の造石高は年間約三二〇万石で、酒屋は全国にまんべんなく分布していたから、地域差は少ない。府県別占有率では一位の兵庫県が七・四パーセント、以下愛知県四・八パーセント、新潟県四・三パーセントと続き、京都府は四位の三・五パーセント、十一万八九五八石となっている。

農業以外にこれといった産業もなかった明治の日本では、酒造業は全国に広く分布する基幹産業であったから、政府は酒税を地租とならぶきわめて重要な税収源と位置づけた。以後酒税の負担は短期間で急激に増加し、明治末には国庫の歳入において首位を占めるようになる。

政府の方針は、国民にはなるべく酒屋がつくる高い清酒を購入させ、多くの酒税を徴収することだったから、「税源の涵養」という言葉がよく用いられたように、酒造業を保護、育成した。一方農民がつくる「自家用料酒」については、酒税を増額していき、ついには自家用料酒そのものを禁止して圧迫することになる。また造石税は、つくった酒に課税されるから、酒屋にはきわめて厳格な立ち入り検査が行なわれ、密造、過造などの不正を摘発した。

酒屋の技術指導と酒造検査は大蔵省税務監督局が当ったが、さらに業界の要望により明治三十七年（一九〇四）には大蔵省醸造試験所が設立されたのである。

国が主導する酒造業育成策は、財政に大きく寄与したことはもちろん、江戸時代以来あまり変わらなかった酒造業を近代化するのにも役立った。一方で政府が決める規格にはめられた結果、日本の酒はどれも似たような性格になってしまったことも事実である。

こうした政府の方針に対し、高い清酒を買えない農民は、自分の収穫した米で濁酒を「密造」するという消極的な抵抗運動を行ない、それは戦後の高度成長期まで連綿として続いたのである。

京都酒造組合

明治十年代の末頃から、重要な商工業者には組合設置が認められ、京都市内では明治十九年十一月に京都酒造商、酒商組合が設立された。明治二十七年（一八九四）十一月九日に京都酒造商組合の組長西村末次郎、副組長堂本伍兵衛から京都府知事渡辺千秋宛に規約改正願が提出され、同年十一月二十七日に認可されている。この「京都酒造業組合規約」によれば、組合はその事務所を下京区河原町三条下る山崎町に設置し、組合の目的は第六条で、

一　営業ヲ確実ニシ弊習ヲ矯正スル事
二　醸造方ノ研究ヲ成シ販路ノ拡張ヲ図ル事
三　雇者ニ関スル取締ヲ為ス事

となっている(15)。

京都酒造組合所蔵の『清酒皆造石高幷ニ石数割徴収金額』(16)によって明治二十年度の酒屋分布と造石高を見てみよう。

この時期伏見はまだ京都市ではなく、京都府紀伊郡伏見町である。江戸時代以来の「組」が引き継がれている。

上京区

①安居院組（東は烏丸通から西は智恵光院通まで、北は市域限り、南は元誓願寺通まで）、酒屋数九軒、

造石高三四九七石、以下同じ。

②千本組（智恵光院通—御前通、市域限—元誓願寺通）、十三軒、三九一六石

③艮組《うしとら》（区域表示なし）、五軒、二一一四石。

艮組は酒屋数も少なく、明治二十三年度の一覧表までは存在するが、二十六年度の調査では聚楽組に入れられている。

④河原町組（鴨川限—烏丸通、市域限—三条通）、十軒、四一五七石

⑤聚楽組（烏丸通—市域限、元誓願寺通—竹屋町通）、二十三軒、一万三六三六石

⑥大橋組（市域限—鴨川まで、市域限—四条通）、十八軒、七七九五石。

下京区

⑦下乾組（烏丸通—市域限、竹屋町通—松原通）、十三軒、五五一五石

⑧巽組（鴨川—烏丸通、三条通—市域限）、十四軒、六二三三石

⑨大仏組（市域限—鴨川、四条通—市域限）、二十三軒、一万一〇八〇石

⑩出屋敷組（烏丸通—市域限、松原通—市域限）、十軒、二九五〇石

さらに市外では、京都府葛野郡（西七条村、八条村、松尾村、川岡村）乙訓郡（寺戸村、大藪村、大原野村）を含む

⑪西醸組　　七軒、一一五二石

があった。造石高は総計六万二〇四五石となっている。明治二十年度は造石高だけだが、続く二十一、二年度は製品別の内訳もあって、興味深い。もちろん酒はほとんどが清酒で、味醂や焼酎（酒粕から取る焼酎）の製造量は少ない。

珍しい酒としては、下乾組の小野次郎兵衛宅で「南蛮酒」十石を製造していることである。清酒はつくらず、味醂一八四石、焼酎四十八石をつくっているので、南蛮酒はこの両方を原料に使用したのだろう。

また明治二十年代ともなると、京都でもビールがつくられている。ビールは、千本組の前出虎次郎宅で二十八石、出屋敷組の内貴甚三郎宅（後に京都市長）は三一二石もつくっている。

興味深いことは、巽組の太田伊三郎が「ビール」を一二三石五斗つくっているのに対し、同じ組の糸井兼厚が「麦酒《むぎざけ》」を一六四石六升九合つくっていることである。「ビール」と「麦酒」は区別して計上されており、明らかに別の酒なのである。麦酒は幕末の京都案内記『花洛羽津根』にもその名を見出せる京都名物で、ホップを加える西欧式ビールとはちがう、麹を使用した日本式の麦酒らしい。農家の自家用酒ではなく、商業的規模での麦酒の存在を示す資料はきわめてめずらしい。

いくつか有力な酒屋を紹介してみよう。

河原町組には、堺町二条北入る、堀野久造（現・「キンシ正宗」、キンシは金鵄勲章の「金鵄《きんし》」）が属している。松屋久兵衛が天明元年（一七八一）に創業した古くからの酒蔵である。同社はその後一八八〇年に伏見に酒蔵を建設し、伏見の大手メーカーとなったが、旧市内に残された古い酒蔵の方は現在「堀野記念館」として公開され、ここは洛中酒蔵の雰囲気がよく残っている。

また当時河原町竹屋町にあった松井酒造（「富士千歳」）は、その後左京区吉田河原町に移転し、現在は自社による酒づくりを復活させている。

「聚楽組」は豊臣秀吉が建てた聚楽第から名前をとっている。堀川の伏流水が得られる、堀川通から大宮通あたりにかけては市の中心部であり、昔から多くの酒屋があった。後に京都市商工会議所副会頭になる鈴鹿弁三郎の酒蔵も、下立売通日暮西入るにあった。現在日暮通椹木町には佐々木酒造（「聚楽」、「古都」）があるが、当時はまだ中村善兵衛所有の酒蔵となっている。

「大橋組」には、三条大橋から三条通を東へ行った知恩院あたりまでの酒屋が含まれる。このあたりは白川の清冽な流れに面し、昔から小さな酒屋がたくさんあった。古門前通大和大路の秋山酒造店は伏見へ移転する昭和四十年代まで、この地で酒づくりを行なっていた。

「下乾組」。上京区岩上通三条の大八木庄太郎は、京都の酒造業界において指導的な地位にあり、後に伏見に酒蔵を移した。また仏光寺通油小路西入るの川本元三郎も営業している。

「大仏組」の名称は、ご難続きだった東山方広寺の大仏に由来する。大和大路五条から伏見街道あたりにかけても、多くの小酒屋が立ち並んでいた。このうち松本治平の先祖が建仁寺の南で酒屋をはじめたのは寛政三年（一七九一）といわれ、その後伏見街道五条南、さらに大正十一年（一九二二）には現在の伏見区横大路三栖《みす》へ移転した（現・松本酒造、「日出盛」）。

六条寺内町の項で述べたように、東西本願寺の近くには江戸時代から多くの酒屋があった。「出屋敷組」には、下京区の堀川通から大宮通、五条から松原通あたりにかけての酒屋が入る。このうち松原室町西入るの、内貴甚三郎は京都財界の大立者であり、後に京都市長に就任する。

前述の「妙泉寺組」は消えてしまったが、京都市内の組は、おおむね江戸時代の名称がほぼそのまま明治時代まで引きつがれていたことがわかる。この頃までは、上京区の方がずっと酒屋は多かった。

廃業した酒屋

旧京都市内最大の酒造会社であった京都酒造株式会社に関しては、私も以前から関心があり、府立図書館に通って『日出新聞』など当時の資料を探したことがある。同社倒産直後の混乱した状況は見えてきたが、破綻の原因まではよくわからなかった。

会社が倒産すると、滞納した税金を支払う際に出される不動産公売公告によって、土地建物の大きさ、諸設備、酒の生産量などを知ることができる。こうした公売公告をもとに灘、西宮、伏見酒造家の興亡に検討を加えられた藤田卯三郎氏の研究によって、同社倒産の経過を紹介したい(17)。

京都酒造は、明治二十九年(一八九六)六月に設立免許を取得した。資本金は三十万円、当時の有力酒造家たちによる共同出資であり、社長は鈴鹿弁三郎、取締役には立入弁二郎、堀野九造、木村源助、堂本伍兵衛、田中弥太郎、中村松之助、森市兵衛、松井恒次郎などが名前を連ねている。

本社と酒蔵は上京区日暮通丸太町上る北伊勢屋町にあったが、敷地面積は三八一五坪、建物は一二七八坪もの規模であった。明治三十四酒造年度（酒造年度は昭和三十九年までは十月一日から翌年九月三十日まで、現在は七月一日から翌年六月三十日まで）の酒造高は五〇〇八石にも達していた。登録酒銘は「正宗」、「豊公」である。

しかし、日清戦争後の金融恐慌によって取引銀行である鴨東《おうとう》銀行が破たんし、同社は酒税、債務が支払えなくなった。三十五年五月に会社解散を決議したが、出入りの一桶職人に資産を売却するという、ふつうならあり得ないことが起こって、隠ぺいの嫌疑で税務署に告発され、何人もの役員が警察に拘引される事態になった。同社の倒産はその頃地元紙をにぎわした大スキャンダルで、直後に訪れた記者による見聞も掲載されている。

同社手持ちの膨大な量の清酒は競売にかけられた。不動産公売公告は、明治三十七年十二月と三十八年一月にも出されている。レンガ造り瓦葺き平屋の土蔵は二百坪、試験室もレンガ造瓦葺きであり、他にも木造二階建て土蔵などもあって、設備はかなり近代的だった。しかし、日露戦争後の不況下、この広大な施設は買手がつかなかったようである。もし京都酒造がその後も存続していたら、京都市内の酒造業の姿もずいぶんちがったものになったのではないかと思うことがある。

京都酒造にとどまらず、この時期は酒屋の倒産が実に多かった。日清戦争後の不況下、酒税負担がきわめて重荷となっていたことがうかがえる。主な廃業者は左記の通りだが、その中には長く続いてきた名門酒屋もある。酒屋の興亡はまことに激しいものがある。(18)

廃業者一覧

上京区　明治三十三年　福富仁兵衛、川橋源助

明治三十四年　田中庄助、米田清治郎、松江萬吉、荻野定人

明治三十五年　西岡太三郎、鈴鹿繁之助、橋本庄七、浜上庄兵衛、大島セイ

明治三十六年　中井庄左右衛門、鈴鹿弁三郎、堂本伍兵衛、羽田庄三郎

下京区

明治三十四年　入澤政次郎、山崎清七、宮崎盛三郎、倉部吉之助

明治三十五年　山崎榮太郎

伏見町

明治三十一年　築山三郎兵衛、木村重太郎

明治三十三年　櫻井香次郎

明治三十五年　中　与兵衛、綾木六兵衛、山本庄之助、岩井ヨ子

明治三十六年　辻　音吉、妻形捨吉、

明治三十七年　浮田長三郎

伏見町の築山三郎兵衛は、津国屋三郎兵衛から一五〇年以上も続いた名門酒屋で、生産量も伏見で第二位だった。明治二十七年に伏見の酒造家が創立した伏見酒造株式会社の経営がうまくいかず、

築山自身の酒屋も倒産したようである。

躍進する伏見

明治三十六年（一九〇三）刊行の『京都税務監督局統計書』(19)によって、造り酒屋の規模を見ることにしよう（**表7－1**）。これは前年明治三十五酒造年度の統計である。

表は上京、下京、伏見の税務署別に、酒屋数とその規模を示しているが、年間造石高三千石以上は上京に一軒だけあり、これは前述の京都酒造である。それ以外の上京の酒屋は小規模で、二百から五百石規模のものが多く、百石未満というのもある。下京も同じような傾向である。一方伏見は、まだ千石以上の酒屋こそないが全体に規模が大きく、五百石以上が三十五軒中十七軒、逆に百石以下の小酒屋はない。

こうした京都酒造業の特徴はその後も受け継がれ、旧市内の酒屋は伏見に新たに酒蔵を建てるか、そのまま小規模な生産を続けて衰退、廃業するかのいずれかとなった。

旧市内と伏見の造石高を比較しよう。明治二十年（一八八七）、旧市内の造石高は一五二軒で四万二九五三石だったが、その後は明治三十九年（一九〇六）四万三九〇九石、大正十四年（一九二五）には六十八軒で四万五七七二石と大きな動きはない。また酒屋軒数は半分以下に減少している。

一方の伏見は明治二十年三十六軒で三万二六〇九石、三十九年三十一軒で四万五五三九石であっ

表7－1　明治35酒造年度　税務署別酒造免許場造石高区分

石数	上京	下京	伏見	計
＞3,000	1	0	0	1
＞1,000	2	1	0	3
＞700	2	2	9	13
＞500	5	16	8	29
＞300	19	16	13	48
＞200	12	7	3	22
＞100	7	5	2	14
＞5	8	0	0	8
合計	56	47	35	138

『京都税務監督局統計書 明治36年』より作成

たものが、大正十四年には十二万七九八八石と急増している。増加傾向はその後、昭和十二年（一九三七）まで続いている。日露戦争頃が両者の逆転時期に当たる。他の産地も伸び悩み、あるいは漸減だった時期、伏見の躍進ぶりはまことにめざましいものがあった[20]。

狭い旧市内から広い伏見へ移転してきた酒屋もある。

宮川治兵衛、川口弁之助（いずれも明治二十四年）
堀野久次郎、大八木庄太郎（いずれも明治三十五年）
松本治平（大正九年）
木村捨次郎（大正末年か）

彼らは新たに伏見酒造組合に加入し、酒類品評会にも出品した。

明治以降、伏見酒が躍進した理由を考えてみよう。伏見は地理的には桂川、鴨川、宇治川の三川合流点に近く、また大津や奈良に至る街道にも近い交通の要衝であったので、宇治川の船着き場や鳥羽街道沿いには、江戸時代から造り酒屋が立ち並んでいた。

鳥羽伏見の戦いによって、伏見の酒屋は多くの酒蔵が焼失し、大きな損害を受けた。そこで被災した酒蔵を無傷の酒蔵が援助する「頼み合いづくり」が明治元年から三年にかけて三回行なわれている。

また伏見では積極的に他産地の酒造株を購入した。伏見の休株ではなく、当時すでに衰退していた伊丹の酒造株を主に買い受けたものであるが、その結果、明治二年には二十八軒で伊丹の酒造株二四八六石を買い受け、酒造米高は九七四一石にまで回復している。しかし不景気と酒の需要停滞は、その後も明治七、八年頃まで続いた。

交通面では、明治二年淀川に蒸気船が就航した。また神戸からはじめられた官営鉄道の建設工事は明治十年京都にまで達したが、以東は長大トンネルの掘削を避けて、稲荷駅から南へ迂回するルートが採用された。新橋―神戸間の東海道本線は明治二十二年（一八八九）になってようやく全通したが、鉄道の開通は、それまで一地方産地にすぎなかった伏見を全国的に飛躍させる大きなチャンスだった。海に面した灘は、船が直接接岸できるという、酒の大量出荷、輸送に有利な条件を備えていたが、宇治川に近いとはいえ、内陸部の伏見はそれまで不利であった。

また明治十年には最後の国内戦争である西南戦争が九州で勃発し、それに伴って酒の需要もふえた。その後全国的に酒屋の新規開業がふえ、明治十三年が一大ピークとなった。同年、全国の造石高は従来の二倍近い増加ぶりの五百万石以上にもなったが、以後いわゆる「松方デフレ」の緊縮策によって不景気となり、急減していった。

伏見酒が東京市場へ進出をはじめるのは、大倉恒吉の手記によれば明治十六年頃かららしい。最初は東京新川の酒問屋を紹介してもらったが、当時市場で人気のあったのは辛口の灘酒である。伏見酒が東京市場において「場違い酒」とよばれ苦労した話は、伏見の酒造関係者と話をすると現在でもよく出てくるが、二百年以上の歴史を持ち、きびしい競争を勝ち抜いてきた下り酒の中で、新興生産地の伏見が抜きんでるには長い時間を要した。

明治二年（一八六九）の造石高は二十八軒で七三四〇石にすぎず、特に大きな生産地ではなかった。これが明治三十三年（一九〇〇）には、四万五八二四石となって旧市内を逆転し、戦前最盛期の昭和十二年（一九三七）には十四万五七八六石にまで達したのであるから、その成長率において先進地灘をしのぎ、現在も国内第二位の生産地となっている(21)。

伏見の酒造業界の集まりには、今でもまことに和気藹々とした雰囲気が感じられるが、親類縁者が皆酒造関係者という例もあり、また苦労している若い経営者を大先輩が応援する気風もある。後発産地だった伏見の酒屋は、苦しい時期も互いに助けあって発展してきた。早くから酒造組合を結成し、品質向上に向けて努力し、さまざまな先進的な試みがあった。躍進の理由を見ていこう。

伏見酒造組合

京都市内における酒造組合の結成についてはすでに述べた通りである。明治政府が営業自由の原則を打ち出す一方、各府県に対して酒造組合設置を命じたのは、従価税算定の基準となる酒価の調査と報告を必要としたからである。組合をつくるにあたって、規約は府県の認可を必要とした。また業者は全員加盟が基本であり、組合員は経費を負担する義務があった。

組合は酒の粗製乱造防止、価格の安定化、代金を支払わない業者の排除、不良従業員の取締り、販売価格や従業員の給与などについても協定を結んだ。

伏見酒造組合の前身は、明治十三年（一八八〇）設立の「伏見酒造家集会所」（座長：木村清八）であるが、その後明治十七年（一八八四）四月には「京都府紀伊郡酒造家同盟」の設立認可願が京都府知事宛に提出され、同年五月に認可されている。総代は中伊兵衛。

「紀伊郡酒造家同盟」は明治二十三年に解消され、新たに「京都府紀伊郡酒造業組合」の設立願を提出、二十五年四月に京都府知事から認可を受けている（代表者は築山三郎兵衛）。二十七年には「伏見酒造組合」と改め、この名称は現在まで続いている。

組合の仕事は新年会、清酒品評会など和気藹々の会ばかりではない。自家用清酒、次いで自家用濁酒も製造が禁止され、酒屋にとっては朗報であったが、一方酒税はどんどん増税され、酒屋の経営は次第に苦しくなる時期であったから組合の仕事も多忙であった。明治十五年には京都祇園中村楼において酒屋会議がもたれ、酒税減額運動が決議されているし、また二十三年には大阪で開催された関西酒造業者連合大会において、酒造税則改正につき建白書の提出を決議している。

伏見酒の技術

日本酒の技術は、江戸時代初期にはほぼ現在のものに近い形になったといわれている。伝統的な杜氏の技法はたしかに高く評価され、秘伝、口伝として伝えられてきたが、科学が進歩すれば目に見えない微生物の働きによる酒づくりの仕組みを「学理」によって理解することがどうしても必要だった。「学理」とは、学問上の原理・理論という意味である。

しかし学校で西洋近代の学理を学んできた科学者、技術者たちは、酒づくりの現場をほとんど知らなかったから、西欧流の酒造法をそのまま日本酒に持ち込んで大失敗し、信用を失墜させることもしばしばあった。そもそも微生物学という学問が十九世紀後半に入って発展したので、酒づくりの仕組みについては、まだわからないことが多かった。

コウジカビと酵母が関与する日本酒づくりは、ビールよりも複雑である。特に明治以降の技術的課題は、酒の元になる酛を確実につくることと、貯蔵中に酒が腐敗してしまう「火落《ひお》ち」を防止することだったが、その解決には長い時間を要した。

伏見の酒造技術に関しては、社史、組合史も残されているので、旧市内の酒屋よりは追跡、検討が容易である。

明治十九年（一八八六）十月、京都府紀伊郡伏見本材木町一番戸酒造場（現・月桂冠）当主大倉治右衛門が、当時の京都府知事代理に提出した「酒類醸造方法書」がある(22)（表7－2）。これを見ると、酛はいわゆる「六斗酛四割麹十二水」となっている。仕込み水の総量を、酛から留添までに加えた総米（＝蒸米＋麹）で割った値を「汲水歩合」というが、ちょうど一・〇である。一般に汲水を多くすれば発酵が進み、辛口の酒を効率よくつくることができる。総米と汲水が等しい、いわゆる

「十水の仕込み」を江戸時代の後期から達成していた灘では、当時は十一水にもなっていた。しかし東北地方など後進地域が、まだ八水から九水程度にとどまっていたのに比べれば、後発の産地としては高い値だったといえよう。

同店は十九年に清酒二六〇石をつくっていたが、建物と諸機械の内訳は酒槽、男柱、締め木、蒸釜二個など、当時でも中規模の酒蔵でしかない。この年に大倉治右衛門が急死し、十四歳の若さで当主を引きつぐことになった大倉恒吉の肩に重荷がのしかかっていた。

表７－２　明治19年酒類醸造方法書　大倉治右衛門

（単位・合）

	蒸米	麹	水	計
酛	600	240	740	1,580
初添	1,300	450	1,300	3,050
仲添	2,600	850	3,400	6,850
留添	3,900	1,300	5,900	11,100
計	8,400	2,840	11,340	22,580

月桂冠史料集より

蔵人

酒づくりを行なう蔵人は、山陰や北陸の農漁村出身者であり、「農間稼ぎ」とよばれる秋から春にかけての季節労働者だった。

江戸時代の伏見には、「丹後宿」とよばれた雇用斡旋業者があり、丹後宿の権利を守るために、造り酒屋は必ず丹後宿を通して雇用することになっていた。この制度では酒屋は必ずしも希望する杜氏を雇用することができない可能性があり、明治以降は次第に直接雇用制へと変化していった。伏見の場合、主に越前杜氏であった。

酒米

イネは熱帯の低湿地を原産地とする植物である。アジアイネはインディカ種とジャポニカ種に大別され、日本で広く食用にされるのは、短粒で粘り気の強いジャポニカ種の粳米である。

もともと酒専用の米があったわけではなく、食用の飯米が使用されていた。酒米にふさわしい条件とは、米粒が大きくて割れにくく、揃っていることである。精白した米粒千粒当たりの重量を「千粒重《せんりゅうじゅう》」と称するが、優良米では二十六グラムくらいである。

中心部に大粒の「心白《しんぱく》」とよばれる白い不透明な部分があることも必要である。心白にはでんぷん粒子がつまっており、米を水に浸漬するとよく吸水し、蒸すとやわらかい蒸米ができる。麹づくりの際、コウジカビの菌糸が内部に入り込みやすいことを「破精《はぜ》込《こ》みがよい」と表現する。こうするとでんぷんがよく糖化され、米粒も溶解しやすい。

酒づくりに適した米は現在では「山田錦」の人気が高いが、昔は「雄町《おまち》」、幻の米となった「亀の尾」、「五百万石」、「美山錦」、「強力《ごうりき》」などがあった。

こうした「酒造好適米」のイネは背丈が高く、化学肥料をたくさん与えると倒伏しやすく、栽培がむずかしいので、確実な高収入が保証されないと農家は栽培を敬遠しがちである。そこで灘では、酒屋がすぐれた酒米の栽培を特定の地域全体と契約する「村米制度」というものがあり、安定して優良な酒米が供給されていた。伏見でも大倉恒吉商店は、明治三十年代から有名産地の大阪府三島郡福井村から酒米を購入しており、大倉恒吉もしばしば茨木、高槻へ米の購入に赴いている。

米余りの時代といわれる現在でも、兵庫県産「山田錦」に代表される酒造好適米は品不足であり、メーカー間で奪い合いとなっている。山口県の某メーカーの酒は評価が高いが、「山田錦」が入手困難なために増産できないと、山口県出身の首相に訴えたという話さえ伝わっている。たしかに「山田錦」はすぐれた酒米ではあるが、日本中のメーカーが皆兵庫県産「山田錦」を求めるというのもおかしな話である。その土地に適した米でつくってこそ、本当の「地産地消」といえるのではないか。現にワインはそうなっている。酒米の品種名を聞いただけで酒の味を想像できるほどではないにしても、多様性に富んでいる方が日本酒の世界はもっと楽しくなる。

京都府でしか栽培されていない酒米もある。昭和八年（一九三三）に京都府農業試験場丹後分場で生まれた「祝《いわい》」がそれである。心白が大きく、酒米に適した性質を持っている。昭和十一年（一九三六）には六百ヘクタールにまで栽培が広がったが、戦中戦後は何よりも主食用飯米を確保することが大事であり、背が高くて倒れやすく、収量が少なく、栽培機械化のむずかしい「祝」は歓迎されず、昭和四十九年（一九七四）までに姿を消してしまった。

しかし最近の吟醸酒ブームで、平成四年（一九九二）から再び栽培が広がるなど、注目を集めている。「祝」は米粒がやわらかいために酒づくりには高度な技術が求められるが、京都らしい、きめこまかなやわらかな酒ができるという。現在では丹波、丹後地方で栽培されている。伏見の招徳酒造では、右京区嵯峨越畑において栽培した「祝」で酒をつくり、希望者は栽培から酒づくりまで参加することができ、自分の酒を購入できるというので好評である。

精米

江戸時代後半になって、水車による精米がはじめられたが、最初に導入したのは灘の酒蔵であり、六甲山系の山中には多くの水車小屋が設置された。水車を使用すれば精米歩合を八十パーセント位にまで下げることが可能であり、従来の足踏み式唐臼から飛躍して、灘酒の高評価につながった。伏見でも明治時代に入って水車精米がはじめられた。観月橋の下流には、宇治川の急流を利用した直径七メートル以上もある巨大な水車があった。また琵琶湖疏水開通後は疏水支線の水車小屋も利用されている。疏水は渇水の影響を受けることがなく、効率がよかったという。

灘では明治時代の中頃から、交通不便な山間部の水車小屋から、蒸気動力を使用する精米機へ移行している。精米は請負制だったが、精米歩合をごまかしたり、米を水でふくらませたりするなど、けっこう不正も行なわれていたようである。

電動式精米機は、明治三十年（一八九七）に米国エンゲルバーグ社製の精米機がはじめて輸入された。これは横型式精米機とよばれ、設立間もない大蔵省醸造試験所にも設置されたが、米粒同士の摩擦により高熱を発する、砕米が出るなど、酒米の精米には向かず、あまり評判はよくなかった。佐竹式など国産竪型精米機が開発され、砕米が出なくなるのはもう少し後のことである。

大正年間に入ってからは、伏見でも電力が利用できるようになり、電動式精米機が導入されて、水車精米もやがて姿を消していった。

水

酒づくりにおいて、米とならんで水が重要であることは、早くから知られていた。仕込みに西宮の水を使用すると、きわめて質のよい酒ができることは、一八四〇年頃に灘の山邑太左衛門が発見した。この水が「宮水」である。六甲山系から海岸部の貝殻層を通ってくる宮水の特徴は、ミネラル分に富むことで、酵母の発育がよくなり、アルコール発酵も順調に進む。辛口の灘酒向きの水といえる。

水の硬度は、水に含まれるカルシウムイオン、マグネシウムイオンの含量を元に算出されるが、通常用いられるドイツ硬度の一度は、炭酸カルシウムに換算して十七・八五ｐｐｍである。西宮の宮水が硬度六―九度あるのに対して、京都の水は明らかに軟水であり、硬度二―四度となっている。水のちがいはできる酒の性質にも影響してくる。俗に「灘の男酒、伏見の女酒」といわれるように、伏見の水を使用することで、甘口で独特のはんなりした味を出している。

実際、「高温短期発酵」型の灘酒は、仕込み温度が高く、醪の期間が十五日程度と短い。酛（酒母）も最初にまとめてつくって長期間「枯らす」ので、酵母を起こす意味からも、硬度の高い水が必要になる。一方伏見酒は、より「低温発酵」型で、毎回新しい酛を使用する、また中硬度の水を使用するので、搾った時から、きめの細かい酒になるという。

こうした酒を生み出す京都盆地の水の性質をもう少し見てみることにしよう。

京都盆地は、市街地の中を流れる鴨川、堀川の流域で豊富な伏流水が得られる。また郊外には桂川、宇治川と大きな川が流れ、宇治川の南には湿潤な沼沢地が広がっている。今は干拓されたが、かつては巨椋池《おぐらいけ》という大きな浅い池があった。

旧市内では浅い井戸を掘って生活用水としていたが、干ばつの折には鴨川の水量が減少し、人々は水不足に苦しめられた。明治二十三年（一八九〇）の琵琶湖疏水開通後は、水不足に苦しめられることはなくなったが、工業用水は現在も深井戸からくみ上げた水に依存していて、地下水への依存率は他県に比べて高い。

京都では昔から「名水」の出る井戸がいくつかある。いくつか挙げれば、

「亀の井」（西京区松尾大社）

酒神である松尾大社境内にある「亀の井」の水。

「染井の井」（上京区梨木神社）

京都御所の東側、梨木神社の境内にあるよく知られた名水。ポリタンクを持参して水を汲みに来る人が、毎日列をつくっている。

また上京区の「金明水」、「銀明水」は昭和三十年代まで酒づくりに使用されたという。現在操業中の旧市内二社は、地下水を汲み上げて使用している。やはりよい水の出る所でなければよい酒はできないのである。

伏見の名前は「伏水《ふしみ》」に由来すると言われるように、昔から伏見はよい水が豊富に湧き出る土地だった。

「御香水《ごこうすい》」（伏見区御香宮門前町）

御香宮の歴史は古く、祭神は神功皇后である。平安時代貞観年間に境内で香りのよい水が湧き出したため、清和天皇が「御香宮《ごこうのみや》」と命名された。明治二十三年（一八九〇）、伏見酒造組合の総意により洛西松尾大社の祭神を御香宮に分霊して祀ることが決議され、御香宮境内の山祇社を松尾社として建て替えることになった。毎年十二月の卯の日に伏見酒造組合員が参拝している。

この御香宮の御香水は環境省の名水百選にも選ばれた水で、地下一五〇メートルから汲み上げられている。

また月桂冠大倉記念館にある「さかみづ」、黄桜カッパカンパニーの「伏水」も酒造用水で、伏見の水のおいしさを手軽に味わうことができる。

明治四十一年（一九〇八）、大倉恒吉商店（現・月桂冠）において調査を行なった大蔵省醸造試験所技手鹿又親《かのまたちかし》の報告によれば、伏見町の東南にある両替町には、各酒造家が井戸を所有していて、酒造用水の全部を供給していた。水は毎日午前中に釣瓶で汲み上げて荷車で醸造場へ運び、水槽に満たして放置、翌日使用していた。水の分析結果も示されているが、西宮の宮水と比べると塩素、カルシウムは約半分程度となっている。

酛についても鹿又は、伏見では酛は連続して毎日少量ずつ製造するゆえに熟成後長く放置することがない、これは灘のように醪の仕込み前にすべての酛を製造する方法に比べ進歩している、なぜなら酵母の発酵力は日々衰えるからであると指摘している。(23)

昭和三年(一九二八)の御大典に際して、奈良電鉄(現・近鉄京都線)が桃山御陵から宇治川に至る路線の地下鉄化を計画した際、水源が分断されることを危惧した伏見酒造組合が、緊急評議員会を開催して京都大学の松原厚博士に影響調査を依頼した。その結果をもとに、工事は水脈を分断し、醸造用水に大きな影響を及ぼす可能性を指摘、奈良電鉄も当初の地下鉄をあきらめて、高架橋へと変更したことは、今も伏見で語り継がれている話である。

酒造用水の性質に関する科学的調査報告はそれほど多くない。戦後の昭和三十五年(一九六〇)に京都大学、京都教育大学の協力を得て「伏見区地下水調査委員会」が調査を行なっているが、先の松原による調査結果と大きく変わらないものであった。浅い地層の地下水は東の桃山丘陵から南西の方向に流れ、これとは別に町の北西から南東へと流れる、水源を別にする流れがあるという。酒づくりに使用されているのは、桃山丘陵からの地下水である。

伏見酒造組合では「伏見地下水保存委員会」を設立し、地下水の保存について京都市長へ要望書を提出している。

学卒者の採用、新技術の摂取

伝統産業である酒造業は、体質がきわめて保守的であるが、大倉恒吉商店は大学卒業生の採用にも積極的であり、明治四十一年には東京帝国大学農科大学卒の農学士浜崎秀を、四十三年には大阪高等工業学校醸造科卒の小谷（旧姓梅林）英二をいち早く採用している。

その当時伏見で学士といえば、医師と浜崎の二人だけであり、技師を置くなどは突飛な事と一般には見られ、同業者も危惧したという。

この時代、酒蔵では杜氏が昔ながらの技法で醸造を司っており、学校出の技師などは失敗のみを繰り返し、酒屋の身代をつぶしてしまうなどと言われていた。特に灘でそうした意見が強かったという。

同四十二年、同店には大倉酒造研究所が、また伏見酒造組合には醸造研究所が設立された。これに先立つ三十七年には大蔵省醸造試験所が東京滝野川に設立された。その目的は酒造の科学的研究であり、業界の指導にあたった。その成果は早くも四十二年嘉儀金一郎による「山卸廃止酛（山廃酛）」、四十三年江田鎌治郎による「速醸酛」の発明となって実を結んだ。伝統的な生酛は、たしかに品質のよい酒をつくることができるが、きわめてむずかしく手間がかかり、失敗も多かったから、安全確実に酛のできる速醸酛の出現は朗報であった。

醸造試験所の技手鹿又親は、四十年十二月から同社北蔵に二か月も泊まり込んで寒造りの調査、研究を行ない、報告書を提出している。大倉恒吉商店の四十酒造年度造石見込みは一万五八〇石と、この時点で伏見の他の酒屋を大きく引き離し、最大手となっていた。以下主に灘の丹波流とのちがいを中心に酒づくり工程を見ていこう。(24) 大倉恒吉商店北蔵は、建坪八百坪もある大きな酒蔵だった。蔵人は合わせて六十五人、内部は甲と乙に分けられ、それぞれ年間三四〇〇石、二四五八石の酒を製造していた。酒銘は「鳳麟正宗《ほうりんまさむね》」と「月桂冠」である。

甲は越前流、乙は丹波流の仕込みであり、越前杜氏は福井県南条郡河野村字糠浦出身の通称「糠杜氏」である。しかし丹波流に関する記述はない。

原料米は、酛米、麹米は摂津米（大阪府三島郡氷室村産）玄米を購入し水車で精白していた。搗減りは一割八分である。一方掛米は、播州米（兵庫県加東郡、明石郡産）を兵庫の日本精米会社から搗き減り二割八分の白米を購入していた。蔵人が足で踏んで洗い、二日間水に浸漬し、大きなご飯蒸しのような甑で蒸した。当時まだ蒸気ボイラーは導入されていない。

種麹は京都大宮三条の吉川糀店から購入している。

酒造用水は両替町の同社井戸から毎朝釣瓶で汲み、翌日使用した。当然ながら酒づくりに有害な鉄分は含まれていない。

麹づくりは、酒づくりにおいてもっとも大事な工程である。麹は、地上部にある「岡室」とよばれた厚い壁の中に断熱材のもみ殻を入れた部屋においてつくられる。室温は二十五―三十二度の範囲である。

甑で蒸した米は、莚の上で放冷し、三十七―三十八度になったら麹室内に入れ、「麹蓋」とよばれる浅い容器に盛り、上から種麹をふりかけ、以下「床揉」、「切返」、「盛」、「仲仕事」「仕舞」「出麹」と、積み上げ、切り返して、蒸米にコウジカビを増殖させていく。

酛は文字通り酒づくりの元になるもので、アルコール発酵を行なう清酒酵母のみを増殖させていく。十二月二十一日から翌年一月十四日までかかった酒母（酛）づくりは、まだ速醸酛が発明される前であるから、伝統的な生酛である。蒸米六斗、麹二斗四升、汲水七斗二升を使用している（「六斗酛四割麹十二水」という）。半切桶《はんぎりおけ》とよばれる浅いたらい様の桶中で蒸米、麹、水を入れ、「蕪櫂《かぶらがい》」という平べったい櫂を用い、時間をかけてこれらの物料をすり潰して粥状にする。この工程は「山卸」とよばれるが、きわめて多くの労力と時間を要するものである。山卸が大変なために、後にはこれを廃止した「山卸廃止酛」や「速醸酛」が誕生するのである。

越前流の特徴は、丹波流では醪を仕込む前にすべての酛を用意するのに対して、毎日少量ずつ、連続して酛をつくる。酛を熟成させる「枯らし」がない。長く貯蔵しないために酵母が若く、元気なうちに使用するから、やや進歩した方法と評価している。最初にまとめて酛をつくる丹波流は、最初の「酛摺り」工程で多くの人手と場所が必要になってくる。

湯たんぽのような暖気樽に湯を詰めて酛桶中で攪拌し、次第に温度を上げていく。

麹による糖化、乳酸菌による乳酸発酵が進むと、酛はいわゆる「ふくれ」、「わきつき」とよばれる状態になり、酵母の増殖が盛んになり、やがてアルコール発酵による泡が立ってくる。一月七日、酛の品温は三十四度に達し、二酸化炭素ガスの発生も止み、酛ができ上がる。「酛分け」は、酛の中身を半切桶二個に分けて冷却するものである。次の醪の仕込みまでの放置期間を「枯らし」とよぶが、枯らし期間は五―七日間と、丹波流に比べてきわめてみじかい。

醪は、「初添」、「仲添」、「留添」とふつうの三段掛けであり、一月十三日の初添から二月一日の醪の完成までに、二十日間を要した。酒蔵にはもちろん空調設備などないから、寒造りの季節はきわめて寒い。室温は最高でも十四・五度、醪の経過を見ると、物料の品温は最高で二十三度となっている。

現在では、発酵温度の制御はヒーター、冷却機を使用して容易にできるが、当時そのようなものはなかった。伝統的なやり方では、酛の加温には「暖気樽」に湯を詰め、樽を桶のなかで攪拌した。また蒸米の冷却は莚上に放置して冷まし、酛は桶の中身を何枚かの半切桶や小型桶に分散して行なった。

また物料の攪拌は、蔵人が桶のへりに立ち、櫂を入れて行なった。

当時伏見で丹波流を採用していたのは一、二の蔵にすぎず、多くは越前流であったが、その起源は江戸時代の天保年間だったという。その理由として鹿又は、伏見の地理、気候、水質その他がこの酒造法に適したものであることは、酛摺り操作その他であるとしている。

一つの流派の杜氏だけによらず、越前、丹波、南部流など諸流派のチームに酒づくりを競わせる同社のやり方は、現在まで続いている。これに大卒社員による酒づくりが加わる。ことなる流派それぞれの長所を取り入れるという点で、すぐれたものといえる。

発酵が終了したら醪を酒袋に入れ、船のような形をした木製の圧搾器中に積み重ね、重石を掛けて搾る工程を「上槽」とか、「搾り」という。これで醪は清酒と酒粕に分けられる。できた清酒は、比重〇・九八八六、アルコール十七・八四パーセント（容量）で、これを大桶に貯蔵して蓋をし、火入れの時期まで静置する。

摂氏六十度前後で行なう日本酒の「火入れ」は、低温加熱殺菌法であるが、同店では三月二十五日—四月上旬に行なった。清酒を貯蔵桶から柄杓で汲み出して、内側に漆を塗った「火入れ釜」中で加熱するのであるが、直接加熱法であるから、温度を一定に保つのはなかなかむずかしい。

火入れが終わった清酒はまた貯蔵桶に戻し、出荷まで静置しておく。しかし、気温が上昇しはじめる時期には、さまざまな有害細菌が侵入する危険がある。特に厄介なのは「火落菌《ひおちきん》」とよばれる乳酸菌の一種であり、この菌が増殖すると、酒は異臭がして到底売物にならなくなる。そこで昔はほぼ一か月おきに、「二番火」、「三番火」と火入れを繰り返した。

明治四十二年（一九〇九）には伏見酒造組合醸造研究所が設立され、いっそうの品質改良につとめたが、この研究所は大正二年（一九一三）に休止となった。こうした企業、組合の研究所というものは、資金の問題から長く存続させることはむずかしいようである。これに代る研究指導機関として、同年伏見醸友会が創設された。学卒技術者、組合関係者が中心となり、初代会長には大倉恒吉商店の浜崎秀技師が就任した。

月一回の集会を開き、実践的課題の解決に当たった。また杜氏講習会、外からの講師を招いての講演会、他産地の見学会などを行なった。

品評会

こうした地道な努力は実を結び、やがて全国の酒類品評会において伏見酒は好成績をおさめ、一躍注目されるようになった。明治四十四年（一九一一）の大蔵省主催の全国清酒品評会に出品された伏見酒二十八点中、二十三点が入賞した。以後、大正年間に入ってからも好成績は続き、大正二年（一九一三）十月の全国清酒品評会では出品三十点すべてが入賞、優等賞一点、一等賞十二点、二等賞十四点、三等賞四点であった。

伏見酒は全国的レベルでの高評価を獲得したが、古くから日本一の生産量、高品質を自負してきた灘にしてみれば、こうした鑑評会、品評会のやり方そのものに不満がつのり、後には脱退という事態にもなった。

嗜好品である酒の評価というものはむずかしく、その時代の人々がよしとした味と香りの酒が高い評価を受けるのもやむをえない。醸造試験所や鑑定官の指導に忠実に従えば、たしかにそうなる。

近代的なすっきりした味を持つ広島、伏見、秋田酒が評価され、伝統的辛口酒の灘酒よりも広く受け入れられたということだろう。

防腐剤入らずの清酒

発酵の途中で醪が有害菌によって変敗するのが「腐造《ふぞう》」、搾った清酒が貯蔵中に変敗するのが「腐敗」である。日本酒はきわめて変敗しやすい酒であり、すでに江戸時代末期から大きな問題となっていた。

酒造業界では清酒の腐敗を「火落ち」と称した。その原因は乳酸菌の一種で桿菌《かんきん》（桿状の細菌）の「火落菌」が酒中に繁殖することで、ひどい悪臭がつき、酒は到底売物にならなくなって廃棄せざるを得ない。火落菌に関する研究も進展したが、なかには増殖に際して清酒の成分を要求する菌もあり、厄介な相手である。但しこの菌は加熱にはきわめて弱い。

酒づくりにおいては、酒蔵の衛生管理がきわめて重要な課題となってくるが、微生物に関する知識がなかった時代、それはむずかしいことであった。

明治時代になっても酒の火落ちは頻発し、酒造業界を悩ませていた。これが二年、三年と繰り返されれば、有力な酒屋すら倒産させる、おそるべき災厄だった。大倉恒吉商店でも火入れは必ず当主が立ち会って慎重に作業をしたが、それでも、火落ちがまったく発生しない年はめったになかったという。(25) 対策としては、定期的、確実に火入れを実施する、殺菌後の酒を元の不潔な桶に戻さないなど、火入れの方法を改良するか、防腐剤のサリチル酸を添加するしかなかった。

ドイツの化学者ヘルマン・コルベ（一八一八―八四）が合成したサリチル酸の使用を推奨したのは、お雇い外国人オスカー・コルシェルトとその門下生であり、火入れとサリチル酸を併用することで、問題は一応解決された。

明治三十年代になって、食品添加物の人体への毒性が問題視されるようになったが、サリチル酸についてはこれにかわるものがなかったため、例外として明治四十四年まで使用禁止措置が延長された。

日本酒はこの頃から日本人の多く住む台湾やハワイなど亜熱帯の地にも輸出されていたが、防腐剤抜きでは腐敗防止はむずかしかった。加えて四十一年にはアメリカ合衆国がサリチル酸入り酒の輸入を禁止したから、これは喫緊の課題であった。そのことがハワイにおける四季醸造の試みを成功させることにもなったのだが、伏見における取組みはどのようなものであったろうか。

当時の酒はすべて木桶中でつくられ、製品は杉の四斗樽に詰め、菰をかぶせて出荷し、消費者には量り売りで販売されていた。杉の桶や樽は新しいうちはある程度防腐効果があるが、古くなるとそれもなくなり、かえって木目に雑菌が入り込んで、繁殖しやすくなる。また大きな仕込桶は洗浄、殺菌するのも大変である。

灘や堺でもこの頃から菰樽に代わってガラス壜が酒の容器として用いられ始めた。一升（一・八リットル）入りのガラス壜は従来の容器に比べ、加熱殺菌が容易であり、木箱に詰めて鉄道輸送するにも適しているから、次第に普及していく。

大倉恒吉商店では、酒造研究所や杜氏の経験をもとに試行錯誤の結果、防腐剤サリチル酸を含まない製品の開発に成功した。

明治四十二年（一九〇九）に初の壜詰工場が新設され、四十四年には「大倉式猪口付壜」が発売された。飲用に便利なガラスコップを徳利につけた斬新で便利なアイデアであり、鉄道駅における売り上げを伸ばすことができた。

ガラス壜を加熱殺菌後に密封する壜詰酒は、従来の樽詰に比べ、火落ちのおそれがない。一壜ごとに大阪市立衛生試験所による「毫末ノ防腐剤モ含有セザル検査証明ノ封緘」を貼った。都市部のサラリーマンは、防腐剤の毒性に懸念を有していたから、サリチル酸を含まない壜詰酒は大いに歓迎されたのである。

こうした学理、人材の導入について、大倉恒吉の回想によると、自分たちは懸命に研究努力して品質の改良、原料、技術、ことに学理も尊重し、その間大失敗もあり犠牲も少なくなく、ただ日夜品質改良につとめ、灘酒とせめて同じ程度まで進みたいと屈しなかった。醸造期間中は他のことは顧みず、日夜仕込み蔵に入って醸造につとめたという。大倉恒吉の偉さは、家業を継ぐため自分自身学校を中退して働かざるをえなかったが、学理の大切さをよく認識してすぐれた人材を集め、新しい技術に積極的に挑戦したことであろう。

設備の近代化――コンクリート蔵、褐色壜、琺瑯タンクなど

昭和二年(一九二七)、月桂冠は冷房設備を有する鉄筋コンクリート建の「昭和蔵」を新築した。同じ発酵産業でもビール業界とちがい、酒造業は当時まだほとんどが木造瓦葺きの酒蔵であったが、伏見では月桂冠とキンシ正宗(みどり蔵)が設備近代化の先駆けとなった。

すべての酒がコンクリート蔵で製造されたわけではなかったが、昭和蔵の建設は、一九六〇年代に入って四季醸造化を実現するにあたってきわめて貴重な経験となった。

月桂冠最初の壜詰工場は明治四十二年に完成したが、作業はほとんど手作業によっていた。昭和五年(一九三〇)には鉄筋コンクリート建の新しい壜詰工場も完成し、火入れ殺菌も蛇管を使用する連続殺菌機が、壜詰も最新の壜詰機が導入され、出荷される酒の三分の一が壜詰酒となった。まだ樽酒が多かったこの時代としては画期的なことだった。

月桂冠がサリチル酸入らずの酒を発売することができた理由は、殺菌条件に関する科学的研究を積み重ねた結果といえよう。日本酒は温度、光によって品質が変化しやすいが、家庭用冷蔵庫が普及する以前は、貯蔵中の酒質変化に関してあまり注意が払われなかった。ブラウン(褐色)ガラス壜は、従来の青色透明ガラス壜よりも光線の害から酒を守ることが明らかになると、同社では昭和五年(一九三〇)からいち早くブラウン壜入りの酒を販売している。

日本では戦国時代の末頃から、酒の仕込み、貯蔵容器として、杉の木桶が用いられてきた。木桶は甕のように割れるおそれもなく、容量三十石（五四〇〇リットル）にも達する巨大なものを製作することが可能であり、製造規模は一気に拡大したのであるが、欠点もまたいくつかある。新桶のうちは防腐効果もあってよいが、古くなると箍《たが》がゆるんで内容物が漏れ出る、木の内部にさまざまな雑菌が侵入、増殖して、醪の腐造、清酒の腐敗の原因となる。また「欠減《けつげん》」というが、酒のうち何パーセントかは木桶に吸収されてしまう。

毎年の酒づくりシーズン前には、大桶を屋外に持ち出して内部に熱湯をかけ、その後竹を細く割った「ササラ」という道具で、木目に沿ってしごいてから、日向で乾燥させる必要があった。けっこう重労働であり、それを改善するために大桶に水を満たし、内部に蒸気パイプを入れて沸騰させることも行なわれたが、それでも完全殺菌はおぼつかなかった。

金属製の容器としては、アルミニウムや錫引き銅もあるが、いずれも金属が溶出する難点があって飲料である酒には適さない。琺瑯引きタンクはこうした欠点もなく、すぐれている。月桂冠では昭和五年から使用されている。

速醸酛・四段仕込み・甘口酒

手間ひまのかかる伝統的な生酛づくりも、次第に簡便、確実で、失敗なく酛ができる速醸酛にとってかわられていった。発明者の江田鎌治郎は、全国の造り酒屋をまわって指導したが、昭和三年（一九二八）二月には、伏見でも実地に指導を行なっている。退官後の江田は、月桂冠やキンシ正宗の技術顧問をつとめた。但し大倉恒吉商店など大手でも、速醸酛への全面的切り替えにはかなり慎重な姿勢を取っている。

日本酒醪はふつう、初添、仲添、留添の「三段仕込み」でつくられるが、最後の留添で麹菌によるでんぷん糖化と清酒酵母によるアルコール発酵とのバランスがよく取れて発酵は終了する。しかし江戸時代でも「奈良流」など一部の流派では、もう一段加えた「四段仕込み」が行なわれていた。大正末から昭和十年頃にかけては、一般に濃醇な酒が好まれる傾向が続いた。当時はまだ甘味料にブドウ糖を添加することは許されていなかったから、甘口濃醇酒をつくるためには、原料米の精白度を上げ、また留添後に原料米の一割程度の糯米を加え、糖化を促進する技法が流行した。糯米は溶解しやすく、麹菌による糖化を受けやすいので、アルコール発酵終了後に加えると甘味が増す。ある仕込み試験によれば、アルコール度数、エキス分、糖分は明らかに増加する。特に糖分は二倍程度に増加し、酒質が濃醇甘口になるという。(26)

伏見の月桂冠でも昭和七年から「四段仕込み」が実施されている。通常の三段仕込み終了後、上槽三―九日前に蒸糯米を総米の一、二割加えてさらに糖化を行なわせるもので、酒にコクと旨味が出るといわれ、後に「伏見酒の四段仕込み」とよばれた。

江田鎌治郎が主宰した江田醸造研究所による昭和八年頃の月桂冠、キンシ正宗、忠勇（神戸市）の醪経過表が残されているが、それぞれ特徴がある。忠勇は伏見の二銘柄に比べて醪温度がやや低い。また上槽直前のコハク酸換算総酸はあまり違わないが、糖分は月桂冠の二・七パーセント、キンシ正宗の二・〇パーセントに比べて一・二パーセントときわめて少ない(27)。

昭和十年（一九三五）三月の伏見醸友会唎酒会優良酒の結果を見ても、十一点の平均は、日本酒度マイナス五・二、糖分二・八六パーセント、総酸〇・一三パーセントと、ほぼ同じ傾向になっている(28)。昭和十年前後は、日本全国の酒がきわめて甘口に傾いていた時期である。

また昭和初期になると、従来の燗酒だけでなく夏向きの「冷用酒」も販売されるようになってきた。昭和九年（一九三四）、京都市工業研究所が伏見、灘の市販冷用酒十一点を分析した結果が発表されている(29)。唎酒試験の結果は、おおむね濃醇な甘口酒、旨口酒である。日本酒度は平均マイナス十二度、糖分平均三・八五パーセント、総酸平均〇・一七パーセントとなっている。夏向きの冷用酒であるから、爽快な味にするために一般酒に比べ酸の量が多くなっているが、糖分も多い。今日の酒に比べれば、驚くほどの甘口といえる。

戦前の最盛期

こうした数々の技術革新、積極的な販売政策によって、京都府でも伏見の酒造業は飛躍的な発展を遂げた。

戦前の最盛期とは昭和十年（一九三五）頃であるが、その頃の京都酒造業の状況を眺めてみよう。『日本酒類醤油大鑑』（一九三六）[30]によると大正元年に醸造家数三一五戸で年間十四万九九一五石だった京都府全体の造石高（清酒の生産量）は、昭和九年には二三四戸で二十二万八一五石にまで増加し、兵庫県、福岡県に次いで全国第三位であった。大正元年を百パーセントとした全国の生産量が九十六パーセントと漸減であるのに比べ、京都府は一四七パーセントとおよそ五割増である。増加率はもちろん全国一である。

増加分はほとんどが伏見のもので、大正元年の五万九七三五石から、大正十四年には十二万七九八八石、昭和に入ってからは大不況のため停滞気味であったが、十二年には十四万三二五〇石まで回復している。実はこれは清酒の分だけで、その他に焼酎が一万六二五〇石、味醂が一万五九一一石もあって、伏見は焼酎と味醂の大生産地でもあった。生産量の二十七パーセントは京都府外へと移出されており、この期間中に伏見は灘と並ぶ生産地になったのである。

当時京都府の酒造組合は、京都府酒造組合（組合長は川本元三郎）、伏見酒造組合（組合長は中伊兵衛）の他、郡部に相綴、桑船、天河、丹後、北丹酒造組合があった。

旧京都市内には、いかにも都の酒らしい「菊」、「桜」、「松」などの入った優美な酒銘がまだ残っていた。しかし十二年（一九三七）には日華事変が勃発し、きびしい統制経済のもとで、小さな酒屋は次々に消えていった。当時の優美な酒銘と生産高をいくつか拾ってみよう。

「金木犀《きんもくせい》」（上京区大宮出町　富田徳造）　六三一石
「頸飾《くびかざり》」（上京区千本下立売　富田善治）　五五八石
「この花」（上京区御前通　この花酒造合名会社）　三四四石
「司菊」（下京区麩屋町　大橋直之助）　五三二石
「豊明」（下京区不明門通　太田良三）　四二〇石
「有福」（下京区仏光寺通　川本元三郎）　五九九石
「諫鼓」（中京区岩上三条　大八木庄太郎）　三一四六石

満州における生産

現在は中国東北地区となっている旧満州における日本酒生産は、かなり古くから行なわれ、京都の酒屋でも何軒かが関与している。

先に旧市内で京都酒造の設立に関与した鈴鹿弁三郎は、当時の関東州大連市において、明治四十年（一九〇七）から朝鮮米を原料に日本酒の生産をはじめている。大連市、旅順市、また南満州鉄道株式会社の付属地内における日本酒生産は無税であったから、日本人が多く住む大連を中心に、次第に奥地まで広がっていった。日本人は満州においても日本酒、それも高級酒を好んで消費する傾向が強かった。昭和六年（一九三一）の満州事変、またいわゆる「満州国」の建国以後は、移住日本人の増加、関東軍向けの軍納酒需要増加、さらに次項において述べる戦時企業整備というきびしい状況に直面して、灘や伏見の大手メーカーも海外に工場を建設した。

伏見では大倉恒吉商店（月桂冠）が撫順に、四方合名（松竹梅）が新京（現・長春）に進出している。大倉恒吉商店は撫順市にあった合名会社大松号の工場を受け継ぎ、司松醸造株式会社を設立、ここで「満州月桂冠」の名で販売をはじめた。昭和十七年度の生産量は二五〇〇石とそれほど多くない。司松醸造は十九年には社名を「月桂冠酒造株式会社」に変更した。

また朝鮮においても現地の酒造会社を買収し、「朝鮮月桂冠」の商標で販売している。

後述するように、日本国内では造石高が大幅に削減されることになったから、満州において自給自足体制を構築することが計画された。実現こそしなかったが、奉天市（現・瀋陽）における某工場の製造計画書を見ると、満州、北支、さらに軍納酒として「日本清酒」、「新日本酒」合計一万八〇〇〇石の製造が計画されていた。日本清酒は満州産の米を使用する純米酒であるが、「新日本酒」とは、この頃盛んに製造された合成清酒で、原料にアルコール、麹、味米、でんぷん、糖分（ブドウ糖）、有機酸（乳酸、コハク酸）を使用してつくるものだった。(31)

「満州月桂冠」は、原料米も現地で手配でき、生産も順調に進行したが、昭和二十年（一九四五）の日本敗戦によってすべての資産は没収され、また一部の従業員は中国に留用されて、帰国できるまで苦労を重ねたのである。

戦時企業整備

米が余剰気味であった昭和十年（一九三五）頃までが、戦前の最盛期だったが、やがて日華事変から太平洋戦争、戦後の混乱期へと、酒造業界にとっては苦難の時期が続いた。これは米を原料にする日本酒にとって宿命ともいうべきものであるが、戦争、食糧難が続くと、ぜいたくな酒など不要不急とばかりに、真っ先に生産を減らされてしまうのである。

昭和十二年に酒造組合法が改正され、酒の生産と販売価格は統制となった。

また政府は翌十三年に「基本石数」というものを定めたが、これは昭和十一酒造年度の全国酒生産量四三六万三一五四石を基本石数として、十四年度の生産量をおよそ半分の四十八パーセントとした。十二、十三酒造年度は各酒造組合に対する生産自主規制が求められ、十二年度は前年の一割減、十三年度はさらにその一割減となったが、この程度ではとても目標は達成できない。また十四年は米が特別不作だったから酒造用玄米は全国で二百万石にすぎず、十五年から原料米は割当制となってしまった。

大幅な減産が実施された一方で、戦争によって軍納酒の需要は増大したから、需給バランスが崩れ、昭和十四年には酒の価格が暴騰した。金魚が泳げるくらいうすいといわれた「金魚酒」が問題になるのはこの頃である。日本酒のアルコール度数など、この時点まで規格が定められていなかったことは、むしろ驚きだが、大蔵省は酒造組合中央会と協力して十四年十二月に、等級規格、公定価格を定め、また各県で酒類を販売する大日本酒類販売会社の支社を設立した。

さらに戦争が激化してきた昭和十八年（一九四三）十月、大蔵次官から酒造組合中央会宛通牒により、企業整備が求められた。その趣旨は、

清酒製造業に付ては企業経営の現状に鑑み、第三種工業部門に属するものとして今次戦力増強企業整備の要請に即応せしむる事とし、此際合理的集約等により可及的労務の供出、金属等の回収、並びに工場及び設備の転用を図ると共に一面に於いて清酒製造業の経営の基礎を確立し、必要量の生産を確保するため左の要領に依り整備を実施するものとする。(32)

要するに、酒屋数を従来の半分に減らし、生産能力も五十パーセント以下に下げ、余った分は軍需産業に転用させるというのである。具体的には日本全国の製造場を以下①―④の製造場のいずれかに分ける。

①操業製造場　操業は続けるが、その能力は五十パーセントに止める。場数は全体の四十―五十パーセントとする。
②保有製造場　建物、製造設備は存置、保有する。場数は十パーセント。能力は十パーセントを保有するが、実質的には休業となる
③転用製造場　軍需産業に転用する。
④廃止製造場　これは文字通り廃止となる。③と④で場数の四十―五十パーセント。

これはまったく一方的な天下り令で、酒造組合中央会すらあずかり知らぬうちに決定されてしまった。さらに、戦争によって酒の貨車輸送もむずかしくなってきていたから、伏見、灘を含む京都府、兵庫県その他西日本の各府県は削減幅を大きくし、その生産権利石数を東京近辺の県に譲渡することになった。伏見の場合、約八千石の生産権利を埼玉県に譲渡した。

転用、廃止する製造場はどのようにして決定するか。その事務は各県の酒造組合において行なうこととなった。伏見酒造組合の場合、①操業製造場を三十三―三十四に、②保有製造場を十二に、③④転廃業製造場を四十五―五十五とすることになった。伏見酒造組合では企業整備委員を選任した。一人で複数の製造場を有する者は出来るだけ場数を減らす、また一人で一つの製造場を有するが余裕のある者は、二人以上が合同して会社を設立する、また廃業して生産権を譲渡する者は、相手方が伏見酒造組合の同業者に限ること、などを定めた。

小規模な業者の場合、状況がきびしいからこの際思い切って廃業するか、それとも他社と合同で新会社を設立しても残るか、判断はむずかしかったようである。大倉恒吉組合長が折衝、斡旋処理をしてようやくこの問題も解決された。

京都府全体を見まわすと、大産地の伏見酒造組合と旧市内の京都酒造組合の操業製造場の能力がそれぞれ、四十六・七二パーセント、四十七・五パーセントになって削減幅がやや大きく、京都府下の相綴、桑船、福知山、宮津、北丹酒造組合が各五十パーセントとなっている。

昭和十八年十月の資料によると、複数の酒蔵を所有する業者は①の操業見込製造場、②の保有見込製造場に入って残った例が多い。大倉恒吉商店（月桂冠）、堀野久造商店（キンシ正宗）、山本源兵衛といった大手が並ぶ。②保有見込製造場になった酒蔵も、やはり大手が多い。

一方、廃業した業者の資産は評価され、廃業補償金も支払われることになり、企業整備は昭和十九年に完了した。

酒造業に限らず、貴重な原料が割当制となった醤油、和菓子などの業界も、この企業整備では大変苦労し、廃業した例が多かった。戦後になって廃業した業者には復活の機会も与えられた。

アルコール添加酒・三倍増醸酒

日本酒とは本来、米、麹、水だけを原料にしてつくる醸造酒であるが、いつの時代も酒にさまざまな混ぜ物を添加して販売する悪徳業者が後を絶たなかった。樽詰め酒がほとんどの時代は、製品規格も示されていないから、簡単に誤魔化しができたことも、こうしたインチキが横行した原因だろう。

アルコール添加酒のはじまりは太平洋戦争中の満州だったとされる。満州では昭和十五年（一九四〇）頃までは原料の朝鮮米も入手でき、内地からの酒も移入されていた。在満日本人が百万人といわれ、軍隊も関東軍が駐屯していたから、軍納酒の需要も大きかった。

しかし戦局の悪化により、酒はもちろん朝鮮産原料米の入手も困難となり、自給自足体制が求められるようになった。満州国政府の要求により、最初は現地特産の高粱《こうりやん》、陸稲《おかぼ》（畑で栽培する稲）、粟を代用原料に試みたが、結果は思わしくなかったので、醪にアルコールを添加する試験が十六年から開始された。これで好結果が得られたので、内地でも昭和十七年からまず醸造試験所、次いで全国五十五か所の工場において醪へのアルコール添加が実施された。

アルコールの他にブドウ糖、有機酸（コハク酸、乳酸など）などを溶かした調味液を加えて酒の量を三倍にふやす、俗に言う「三倍増醸酒（三増酒）」が本格化するのは戦後の食糧難の時代である。いくら酒が足りないといっても、酒税法で米と水を原料にし、漉したものと定められている清酒に、それ以外の添加物を加えることはできない。そこで昭和二十四年には酒税法施行規則の一部が改正され、こうした原料を加えることが認められた。

戦争中からの食料統制によって酒造用米はきびしい割当制になっていたから、需要に応じるためには添加物を使用して三倍増醸酒をつくらざるをえない事情があった。伏見でも二十四年から試験的に行なわれ、二十六年以降は本格的に普及したのである。

悪名高い三増酒の生産量はこうしてどんどん増えていき、昭和二十八年（一九五三）には実に総生産量の六割近くに達したのである。ウイスキーもビールもこの時期の日本の酒類は、本来原料ではない混ぜ物によって増量していたようなものである。しかし、余裕のある時代になっても、惰性でこうした酒をつくり続けてきたことが、その後の日本酒離れを招いた一つの原因であろう。

戦中戦後の業界[33]

酒不足は戦争が終わってからの方がむしろ深刻化した。昭和二十二酒造年度の全国清酒生産量は五十一万石にすぎず、伏見も一万五〇〇〇石と昭和に入って最低の生産量を記録した。京都の酒蔵は戦災にこそ会わなかったが、インフレ、原料米の不足、外地から引き揚げてきた従業員の再雇用など多くの問題を抱えていた。

その一方、昭和十八年の企業整備で独自の酒づくりを廃止せざるをえなかった中小の酒蔵が、復活した例もある。共栄酒造株式会社は昭和十八年の戦時企業整備令により企業合同して誕生したが、昭和三十九年に会社名を酒銘と同じ「招徳酒造株式会社」に変更し、現在に至っている。

また富士酒造株式会社（「菊富士」）は、中国華北から引き揚げてきた経営者が中心になって昭和三十一年に設立した会社で、主に桶売りを行なっていた。

清酒に一級から四級までの等級が設定されたのは、太平洋戦争が激化した昭和十八年（一九四三）のことであるが、二十年には一級と二級になった。戦後の二十四年になって、シャウプ勧告による大増税の下、一級、二級酒の税金を引き下げるかわりに、新たに税金の高い特級酒が新設され、以後特級、一級、二級の三等級制は長く続いたのである。大幅な減税が実施されるのは翌昭和二十五年からで、酒税があまりに高いと、かえって需要が減退してしまうからというのが、その理由だった。

米穀は昭和十四年（一九三九）に主要統制品目となり、そのため酒造業界では前述のように酒の生産量を半減させるなどのきびしい抑制策を受け入れざるを得なかった。一方理化学研究所が長年開発を続けてきた合成酒の「理研酒」は、米を使用せず各種添加物のみで製造可能であるため、醸造酒の不足を補うために生産量が大幅にのびた。

昭和十五年の酒造法改正により、酒の種類として「合成清酒」が認められたが、従来醸造酒を製造してきたメーカーにも合成清酒の製造免許が与えられた。酒の副産物である酒粕を蒸留するとアルコールが取れる。これに米糠、さまざまな添加物を加えてつくるのである。

本来米を使用しないでつくるはずの合成清酒であるが、醸造酒同様の味と香りを出すため、やがて米も原料に使用するようになり、醸造酒とのちがいが次第にあいまいになってきた。戦後もかなり長い間米不足は続いたので、政府は昭和二十五（一九五〇）酒造年度から一部砕米を供給、さらに翌年には一万石の国産米を合成清酒用に割り当てた。合成清酒を清酒三級として販売することを求める要望書が合成清酒業界から出され、清酒業界が反対するなど、業界ではさまざまな問題が生じた。

かつて灘は酒づくりの先進地であり、後発地域の酒屋にとって灘に酒蔵を持つことは、業界での地位の確立、製品のイメージアップにつながることだったから、大倉恒吉商店なども灘で売りに出されていた酒蔵を探し、明治四十年代から自社の酒蔵を設けている。

時代が下ると、同じことが伏見にも起こっているが、それだけ伏見酒の名声が高まった証といえよう。江戸時代金沢において創業した福光屋（「福正宗」）は、昭和三十三年伏見に進出して伏見でも酒づくりをはじめている。また、埼玉県の小山本家酒造（「世界鷹」）や、和歌山県から進出した玉乃光酒造（「玉乃光」）もある。こうした他府県からの新規参入メーカーも、やがて伏見の酒屋となっていった。

旧市内酒屋の消滅

一方旧市内の酒屋も戦後の高度成長期までは、細々とではあるが存続していた。

戦後しばらくたって世の中も大分落ち着いてきた昭和二十九年（一九五四）に京都市産業局商工課がまとめた「京都酒造業の展望」(34)によって、その後の歩みを見ることにしよう。

戦前の最盛期、京都（旧京都市内、以下同）と伏見（旧伏見市）には合わせて五十二軒の酒屋、五十九蔵があり、旧市内の年間製造量は四万二八〇〇石だった。その後戦争を経て当時は二十八軒、一万五二〇〇石まで落ち込んでいた。造石高は戦前最盛期の四割程度まで回復していたが、原料米の方は二割五分にとどまっていた。

まだ主食用の米すら不足がちであり、酒造用原料米は割当制となっていた。原料米割当と統制価格によって、生産者はある程度の利潤は保障されていた点はよかったが、それ以上酒をつくりたくとも限界があった。そこで酒不足を補うため、醪に醸造用アルコールと糖類を添加して大幅に量をふやす「三倍増醸酒」づくりがはじめられ、二十八年には酒の実に五割以上を占めていた。

この報告書によって、京都と伏見の性格のちがいがよくわかる。まず企業形態は、京都では個人企業、有限会社が占める割合が高く、株式会社は少ない。逆に伏見では株式会社が多くなっている。資本金についても京都は五十万円未満の零細な業者が多い。

造石高も京都は年間五百石未満の酒蔵が多く、三千石以上ある酒蔵は一軒もない（表７－３）。小酒屋が多いかつての洛中の性格は、この時代まで受け継がれている。

また零細業者が多い酒造業界ではコストの引き下げ、設備の近代化が求められていた。昔ながらの木桶を使用していると、酒が桶に吸われて量が減る「欠減」、また木香《きが》が酒に移るなどの問題があり、新しい琺瑯引き発酵タンクへの更新が求められていた。また水や醪を輸送するポンプの動力化も必要だったが、いずれも多額の資金を要するので、思うようには進んでいなかった。

後に批判が高まる「桶売」や「桶買」はこうした状況下で生まれたものといえる。当時は需要に応じきれない売り手市場であったから、伏見の大手酒造会社などは他社の原酒を「桶買」して調合し、自社ブランドで販売するものが二割をしめていた。もちろんほとんど桶買をせず、自社の酒を自社ブランドで販売する業者もあり、京都では一割、伏見では六割だった。一方で自社酒をほとんど「桶売」している業者が、京都では九割もあった。この時期両産地の地位は完全に逆転しており、京都の酒屋が伏見の下請け化していた状況がわかる。

表7－3　清酒製成石数別業者数

清酒製成石数	＜500	＜1,000	＜3,000	＞3,000	合計	合計石数
伏見	5	5	17	3	30	59,521
京都	15	10	3	0	28	15,184
合計	20	15	20	3	58	74,715

『京都市の産業』(1954) より

桶売業者と桶買業者の関係は仲介が入るものとそうでないものとがあったが、新酒の出来具合をたしかめた上で取引された。

昭和二十七酒造年度には、京都から八千石もの酒が伏見に桶売され、その内訳は、特級酒十四パーセント、一級酒六十五パーセント、二級酒二十一パーセントと、比較的高級酒が売買される傾向があった。桶売する場合、酒は酒税抜きで販売される。

桶売、桶買、原酒のブレンドなどの慣行は、すでに江戸時代からあったらしい。桶売側もある水準以上の酒でなければ買ってもらえないから、極端な品質低下はなかったようだが、桶買とは他社製の酒に自社ラベルをつけて売っているだけだという批判は当然受けることになる。

昭和三十一年(一九五六)の『全国酒類醸造家名鑑』(35)によれば、出町桝形通の「菊養老」(大門酒造)、千本通下立売の「男鶴」(富田酒造)、川本家の「有福」、富小路高倉の「枝垂桜《しだれざくら》」(京都銘醸)、東山では古門前通大和大路の「金《きん》瓢《ぴょう》」(秋山酒造)などはまだ営業している。京都らしいはんなりした酒銘が多いが、いずれも生産量は少なく、年間五百石以下である。

私が京都酒のことを調べはじめた頃には、三条通猪熊の「龍盛《たつざかり》」(安田酒造）も廃業してしまい、旧市内の酒屋は、日暮通椹木町の佐々木酒造（「聚楽」、「古都」）と左京区川端一条の松井酒造（「富士千歳」）だけになってしまった。松井酒造の古い酒蔵については、脚本家八尋不二氏の『京の酒』にインタビュー記事と写真が掲載されている(36)。

昔は白川の水を引いて水車精米をしていたという東山古門前通の秋山酒造は、その後合併によって三宝酒造となったが、古くからの酒銘「金瓢」のほかに、「姫小松」（新麩屋町通孫橋上る和光）、「旭鷹」（茜屋町下立売下る和光）、「岩竹」（御幸町二条上る中井鉄造）など古くからの酒銘も引きついだ。古門前通の古い酒蔵は遂に取り壊され、昭和五十九年（一九八四）から酒づくりは伏見の三栖工場に集中することになった。

秋山酒造の跡取り娘だった随筆家の秋山十三子氏が著わした『私の酒造り唄』(37)には、消え行く酒蔵、酒づくりが大好きだった父親、はるばる但馬から毎年出稼ぎにやってきた蔵人たちのことをいとおしむ気持ちが、やわらかな京都弁の会話を交えて語られており、昔の京都市中の暮らし、酒づくりは、こうしたものだったのかとなつかしさを覚える。酒蔵が廃止に至ったのは、狭い京都の市街地では原料の搬入、製品の搬出のためにトラックが出入りするにも時間制限があって、警察の許可が必要、また早朝仕込み作業をする際にも、周りに気を使い、音をたてないようにしなければならなかったからという。

こうなってくるともう市街地での酒づくりは無理だろう。同じような状況の大阪市内、東京都内の酒屋に比べれば、保守的な京都の町では、小規模な酒屋も完全に絶えることなく、よく続いたというべきかも知れない。

級別制度の廃止

昭和十八年（一九四三）以来続いてきた日本酒の級別制度は、まず特級が廃止されて一級、二級の二本立てとなり、平成四年（一九九二）には級別制度は完全に廃止された。同年四月、酒税法が改正され、従価税が廃止されて従量税一本となった。

平成元年（一九八九）には税率三パーセントの消費税がはじめて導入されたが、酒税法も同年改正され、また長く続いてきた級別制度も廃止され、吟醸酒、純米酒、本醸造酒といった「特定名称酒」表示の基準が定められた。導入当時は大変な騒ぎだった特定名称酒問題も二十年以上経過してみれば、すっかり定着した。消費者は酒のラベルに表示された原料米の精米歩合、醸造用アルコールや糖類添加の有無など内容をよく見て、自分の好みに合った酒を購入できるようになったといえる。

コラム

現在の京都酒

さて京都酒の現在を見てみよう。京都の酒屋は今までさまざまな困難に直面したが、その都度それを克服して進んできた。単なる田舎にまでならない強さと華がある。

現在伏見酒造組合に二十四社が、京都酒造組合に三社が加盟し、郡部に十八社がある。平成二十四年度の造石高は合わせて七万四七〇六キロリットル（四十一万四六一八石）である。全国市場における占有率は、兵庫県の二十五パーセントに次ぐ十三パーセント、出荷先も関東甲信越と近畿地方を合わせて六十パーセント近くあり、京都酒は全国的なブランドである。

灘の酒蔵が主に丹波杜氏による酒づくりであったのに対して、伏見は越前杜氏が主体であった。日本人は職人が大好きだが、今日では高齢化と後継者養成問題は年々深刻化していて、杜氏、蔵人の数は激減してしまった。一方で、年間雇用の若い正社員による酒づくりが全国の酒蔵で進んでおり、科学技術にもとづく酒づくりによって品質の保持、向上は十分に可能となっている。

日本酒を四季醸造する試みは戦前から台湾、弘前、広島などでもあったが、ただ酒蔵の温度を下げればよいというものではなく、除菌など周辺の技術が伴わなければならない。伏見の大手では昭和三十六年（一九六一）に月桂冠が本格的な四季醸造蔵を建設し、今日では年間を通じて品質のそろったおいしい酒が供給されるようになったのである。

コラム

伏見の酒蔵

以下、頑張っている伏見の小さな酒蔵を紹介してみたい。

藤岡酒造

その昔、四条河原町の交差点から北西に入った所にあった「万長酒場」は、安くておいしい酒が飲める蔵元直営の居酒屋として、勤め人になかなか人気があった。「万長《まんちょう》」の銘は「万寿長命」から取ったという。

同社はもともと煙草製造会社だったのが、明治三十五年に藤岡栄太郎氏が酒造業に一本化し、その後東山区から伏見へ移転した。平成七年、社長の急死により一時は廃業したが、後継者の藤岡正章氏がほぼ一人で酒づくりを再開し、新酒銘「蒼空《そうくう》」をつくっている。今はやりのクラフトビールの工房のように、併設された酒蔵バーのガラス越しに発酵の様子をみることができる。

製品は多少高価であっても人気を集めている。小さな酒蔵の一つの行き方を示すものと思う。

松本酒造

東高瀬川の堤防沿いにある松本酒造の酒蔵は、経産省の「近代化産業遺産」にも認定されている。大正期の建築だが、黒白のコントラストがついた昔風の美しい酒蔵のたたずまいはきわめて魅力的であり、京都伏見の観光ポスターや朝の連続テレビ小説にも登場した。

同社のつくる「日出盛　桃の滴」は、おだやかで旨味のあるよい酒だ。

コラム

京都市外の酒

羽田酒造

現在では京都市右京区京北周山町となっているが、かつての周山は京都市から遠く離れた山里で、冬は京都でも特に寒い土地だった。それだけ日本酒の製造には適している。ここ羽田酒造の創業は明治二十六年であるが、同社が加わって京都酒造組合のメンバーも久しぶりに一社ふえた。

原料に京都産酒米の「祝」を使用した「初日の出」をつくっている。よく「地産地消」といわれるが、日本酒も地元で栽培した米と水を原料につくるのが理想的な行き方であろう。最近は地ビールをつくる酒蔵が多いが、同社もビール醸造所を併設し、附属のレストランでは日本酒の他に地ビール「周山街道」を楽しむことができる。

向井酒造

地方の酒蔵をまわると農大（東京農業大学）を卒業した若い蔵元に会うことが多く、農大のネットワークは全国に広がっている。今や全国でも珍しい「醸造」を冠する学科を持つ農大では、全国の酒屋の跡取り息子、娘さんがたくさん学んでいる。酒屋さんは昔から地方の素封家であった。こうしたきびしい環境下で家業を継ごうという卒業生の活躍には大いに希望が持てる。

京都府下丹後伊根の向井酒造は当主夫妻ともに農大の卒業生であり、意欲的に新タイプの日本酒をつくっている。日本酒には色がなく、ワインに比べて華やかさに欠けるが、古代米「紫小町」を使用し、自然の色で着色した古代米酒「伊根満開」などがおもしろい。

あとがき

多くの人は京都酒＝伏見酒だと思っている。明治時代以降に大産地として急成長した伏見酒に関する資料はたくさんあるが、洛中の酒については、文献資料も散逸し、酒屋が存在したことを覚えている人すら少なくなった。そこで本書は伏見だけでなく、洛中の酒の歴史にも目を向け、バランスのとれたものにしたかった。

洛中の酒屋が絶滅する前にまとめておきたいというのが研究をはじめた動機だったが、少し遅かった。当時旧市内の酒屋は三軒しか残っておらず、そのうちに猪熊三条の「龍盛」は廃業、川端一条の「富士千歳」の酒蔵も取り壊されてしまった。

いざ取りかかってみると、洛中酒の技術関係資料はほとんど見当たらず、たちまち壁に突き当たってしまった。これでは何もわからない、どうしようかと悩んだ。ところが、仏光寺油小路にあった川本家の酒造資料一式がたまたま某古書店から売りに出され、購入できることになったのである。資料の入った黒漆塗りの立派な箱を開ける時、一体何が出てくるかと、わくわくしたのを覚えている。これで江戸時代の状況がかなり明らかになってきた。また同僚を通じて京都流酒造技術書を譲り受ける幸運にも恵まれた。そのつもりで探していれば、必要な資料はいずれ見つかり、手元に集まってくることを実感した。

明治時代初期に舎密局でつくられたビールにも関心を持ち、京都府立総合資料館でお雇い外国人ワグネルの関与を裏付ける舎密局関係の行政資料を探したが、これは見つからなかった。また明治三十年代京都一の酒造会社であった京都酒造の創立から倒産に至る諸事情も、京都府立図書館で地元紙『日出新聞』を中心に少しずつ調べはじめたが、ちょうどその頃京都を離れることになって、全貌を明らかにすることができなかったのは心残りである。

刊行までに長い時間を要してしまったが、ようやく宿題を提出し終えて、栗山一秀さんはじめ京都でお世話になった方々への義理を果すことができた。私は現在川崎市に住んでいるが、六十年以上暮らした京都の思い出といえば、快適な春や秋よりも、猛暑と湿気で苦しかった夏である。時々京都紹介のテレビ番組などを見ていると、夏のさまざまな出来事、あの空気感まで思い出され、ぞっとするなつかしさを覚える。しかし、手がける人もない地味なテーマで出版の機会を待ち続けることができたのは、京都の夏が私を辛抱強くしたからかも知れない。

今回地元出版社である臨川書店から本書を刊行することができてまことにうれしい。編集部の工藤健太氏には企画から出版までの間、丁寧な助言をいただき、写真も撮影していただいた。厚く御礼を申し上げたい。

二〇一五年秋　多摩丘陵にて

著者しるす

第一―五章は書き下ろし

第六章　「六条寺内町の酒屋」、本願寺史料研究所報、一三号、一九九五年

「江戸時代の京都酒造業（1）」、醸協、九九（三）、一七〇、二〇〇三年

「江戸時代の京都酒造業（2）」、醸協、九九（四）、二三二、二〇〇四年

に大幅加筆した。

第七章　「明治初年の京都のビール」、醸協、一〇六（一二）、八二六、二〇一一年

に大幅加筆した。

写真は特記なきもの以外、著者撮影

文献一覧

第一章
(1)『和漢三才図会』、石橋四郎編『和漢酒文献類聚』、二〇六、西文社、一九三六年
(2)吉田 元、『近代日本の酒づくり—美酒探究の技術史』、岩波書店、二〇一三年

第二章
(1)坂口謹一郎、『日本の酒』、八三、岩波書店、一九六四年
(2)武田祐吉編、『風土記』、二〇八、岩波書店、一九三七年
(3)「日前国懸両太神宮年中行事」、『日本祭礼行事集成』、第四巻、二一三、平凡社、一九六九年
(4)佐原 真、『食の考古学』、八二、東京大学出版局、一九九六年
(5)『万葉集(二)』、一〇二、岩波書店、二〇一三年
(6)『延喜式』神祇巻、盛文社、一九二六年
(7)関根真隆、『奈良朝食生活の研究』、二六三、吉川弘文館、一九六九年
(8)『美酒発掘』、六〇、奈良県立橿原考古学研究所附属博物館、二〇一三年
(9)加藤百一、「日本の酒造りの歩み」、加藤弁三郎編『日本の酒の歴史』、一四一、協和発酵株式会社、一九七六年
(10)『長岡京右京第一〇一九次調査現地説明会資料』、長岡京市埋蔵文化財センター、二〇一一年

第三章
(1)『美酒発掘』、五一、奈良県立橿原考古学研究所附属博物館、二〇一三年
(2)梶川敏夫、「造酒司跡推定地発掘調査概要」、『京都市埋蔵文化財年次報告 一九七四—I』、二〇、京都市文化観

光局文化財保護課、一九七五年
(3)『京都市埋蔵文化財研究所概要集　一九七七―I』、二七、京都市埋蔵文化財研究所、一九七七年
(4)黒板勝美編、『令集解　前篇』、一三一、吉川弘文館、一九五三年
(5)皇典講究所、全国神職会校訂、『延喜式』巻四十「造酒司」、一一三三、大岡山書店、一九三一年
(6)『延喜式』「神祇巻第七　践祚大嘗祭」、一七五、盛文社、一九二六年
(7)笹川種郎編、史料大成一八『兵範記 四』、二〇二、内外書籍、一九三六年
(8)田中初夫、『践祚大嘗祭』、五三、木耳社、一九七五年
(9)「御即位礼と大嘗祭　其の意義と儀式の大略を叙し併せて白酒・黒酒に及ぶ」、醸協、一〇（一一）、一、一九一五年
(10)野田菅麿、『昭和御大礼参列記念録』、一二五、一九三六年
(11)「御神酒を造る人―加島十兵衛氏を訪ねて」、『財政』、一八（四）、五九、大蔵財務協会、一九五三年
(12)「京都・平安宮内酒殿、釜所、侍従所」、『木簡研究』、一八、五一、木簡学会、一九九六年
(13)倉林正次、『饗宴の研究　儀礼編』、四四七、桜楓社、一九六五年
(14)「亭子院賜酒記」、『群書類従　第一九輯』、八六八、続群書類従完成会、一九五九年
(15)松井簡治編、『大鏡抄　上級向』、四九、三省堂、一九三三年

第四章
(1)倉松憲司編、『古事記大成』第六巻、一四二、平凡社、一九五七年
(2)京都叢書第三、『雍州府志』、六一、増補京都叢書刊行会、一九三五年
(3)八束清貫、「神宮祭祀の神饌」、『食物講座』、第一五巻、四四、雄山閣、一九三七年
(4)加藤百一、「清酒を造る神社」、醸協、七四（五）、二八二、一九七九年

(5)与謝野寛編纂校訂、『延喜式』巻一 神祇一 四時祭 上 二五、日本古典全集刊行会、一九二七年
(6)吉田 元、「出雲大社の祭祀における火と食」、種智院大学研究紀要、第二号、二三、二〇〇一年
(7)前掲(4)、二八五頁
(8)加藤百一、玉木康文、高原康生、「濁酒を造る神社」、醸協、七三(一二)、九三〇、一九七八年
(9)岩井宏実、日和祐樹、『神饌』、一〇五、同朋舍、一九八一年

第五章

(1)小野晃嗣、『日本産業発達史の研究』、至文堂、一九四一年
(2)竹内秀雄、『天満宮』、一七五、吉川弘文館、一九六八年
(3)笹川種郎編、矢野太郎校訂、史料大成三〇『康富記 二』、文安元年四月十三日、十四日条、内外書籍、一九三七年
(4)川井銀之助、「北野麹座の源流」、『神道史研究』、第一〇巻、二号、五二、一九六二年
(5)『言国卿記』一―七、文明六年三月二十一日条、続群書類従完成会、一九六九―一九八四年
(6)『史料纂集 山科家礼記』一―五、続群書類従刊行会、一九六七―一九七三年
(7)前掲(1)、二三九頁
(8)続史料大成二〇『碧山日録』、応仁二年正月十七日条、臨川書店、一九八二年
(9)史料大成『多聞院日記 一―五』、臨川書店、一九七八年
(10)吉田 元、『日本の食と酒―中世末の発酵技術を中心に』、一五九、人文書院、一九九一年
(11)『平安京左京六条三坊五町跡発掘調査現地説明会資料』、京都市埋蔵文化財研究所、二〇〇五年
(12)『平安京左京五条三坊九町跡発掘調査現地説明会資料』、京都市埋蔵文化財研究所、二〇〇八年
(13)『読売新聞』朝刊、二〇〇八年八月七日付

第六章

(1)吉田　元、「『洛中洛外図巻』より京都の酒屋」、醸協、九三（三）口絵、一九九一年

(2)『京都町触集成』、別巻二、二二三、岩波書店、一九八九年

(3)「洛中洛外酒や数幷造米高」、『京都町触集成』、別巻一、四六、岩波書店、一九八八年

(4)「洛中洛外酒改運上之訳　酒屋数幷造高」、新撰京都叢書第一巻『元禄覚書』、二二三、臨川書店、一九八五年

(5)「洛中洛外酒運上之訳　酒屋数幷造高」、『京都御役所向大概覚書　下巻』、一九四、清文堂出版、一九七三年

(6)山下　勝、山下美智子、「高木家文書『酒銘』による京都酒造業についての考察　その1」、酒史研究、二、二、一九八五年、山下　勝、山下美智子、「高木家文書『酒銘』による京都酒造業についての考察　その2」、酒史研究、三、二九、一九八五年

(7)『造酒株之事』、堀野記念館展示文書。明暦三年以降の酒株記録。

(8)「造酒屋株帳」、『月桂冠史料集』、四九、月桂冠株式会社、一九九九年

(9)「文久三亥年南山城酒造株控」、『関東を主とする酒造関係資料雑纂』、五八巻

(10)「丹後宮津領酉之年酒造□□数幷酒屋数之帳」、『関東を中心とする酒造関係資料雑纂』、五八巻

(11)宮津市史編さん委員会、『宮津市史　通史編　下巻』、九九、宮津市役所、二〇〇四年

(12)前掲（11）

(13)「本願寺寺内町絵図」、『図録顕如上人余芳』付録、浄土真宗本願寺派、一九九〇年

(14)吉田　元、「六条寺内町の酒屋」、『本願寺史料研究所報』、一三号、一、本願寺史料研究所、一九九五年

(15)「宝暦十一年巳三月酒株名前帖」、『川本家文書』、種智院大学所蔵

(16)「弘化五年申二月酒造株名前帳中妙泉寺組」、『川本家文書』、種智院大学所蔵

(17)『伏見酒造組合誌』、一一二、伏見酒造組合、一九五五年

(18)吉田　元、『江戸の酒―その技術・経済・文化』、朝日新聞社、一九九七年

(19)前掲(6)
(20)吉田 元、「江戸時代の京都酒造業(1)」、醸協、九九(三)、一七〇、二〇〇四年
(21)『京都町触集成』第四巻、一六一、岩波書店、一九八四年
(22)前掲(18)
(23)三宅也来著、通俗経済文庫巻十二『萬金産業袋』、二〇八、日本経済叢書刊行会、一九一七年
(24)新村 出、「南蛮酒に酔ひて」、『酒文化研究』、三、八六、新宿書房、一九九三年
(25)人見必大著、島田勇雄訳注、『本朝食鑑1』、一二一、平凡社、一九七六年
(26)前掲(18)、四三頁
(27)松本春雄、『新潟県酒造史』、六〇、新潟県酒造組合、一九六一年
(28)『五十八番酒造方仕法伝』、吉田 元所蔵
(29)「鹿苑寺文書文政四年一月 乍恐願上口上書」、『史料京都の歴史6(北区)』、三三三、平凡社、一九九三年
(30)「西村家文書文政四年五月 乍恐願上口上書」、『史料京都の歴史6(北区)』、五〇七、平凡社、一九九三年
(31)山下 勝、山下美智子、「近江屋吉左衛門文書による江戸時代種麹屋業に関する考察」、『酒史研究』、一九、一、二〇〇三年
(32)山下 勝、山下美智子、「近江屋吉左衛門文書」、『酒史研究』、二〇、五一、二〇〇四年
(33)「天保七年之事」、『川本家文書』、種智院大学所蔵

第七章
(1)明治七年までの舎密局に関する行政資料は、『京都府史』第一編政治部勧業類2、明治元年—七年による。
(2)『京都府府令書』明治一〇年第四七号
(3)『京都府府令書』明治一一年第四三号

（4）『大阪日報』、明治九年八月三一日付
（5）『京都府誌（下）』、四、京都府、一九一五年
（6）『京都府庁文書件名簿』、明治九年一六―一四一
（7）『京都府庁文書件名簿』、明治九年九―三〇―一二八から一三〇
（8）『新撰京都叢書第六巻、都の魁（下）』、臨川書店
（9）『日出新聞』、明治一八年八月二二日付広告
（10）『日出新聞』、明治二〇年七月二七日付
（11）『日出新聞』、明治二〇年九月二日付
（12）『日出新聞』、明治二三年九月一四日付
（13）『日出新聞』、明治二〇年五月二九日付
（14）柚木 学、『酒造りの歴史』、三二五、雄山閣出版、一九八七年
（15）「京都酒造業組合規約（明治二七年）」、『同志社商学』、四五、四、一九九三年
（16）「清酒皆造石高幷ニ石数割徴収金額」、『同志社商学』、四四、一、一九九二年
（17）藤田卯三郎編、『西宮・灘目と京・伏見を比較して酒税滞納公売処分を中心に酒造家の興亡を見る』、六二、二〇〇七年
（18）前掲（17）、四九頁
（19）『京都府税務監督局統計書』、一四九、一九〇三年
（20）栗山一秀、『京都酒学 一二』、伏見酒の明治以後の発展、二〇〇二年
（21）『伏見酒造組合一二五年史』、四七、伏見酒造組合、二〇〇一年
（22）『月桂冠史料集』、一二四、月桂冠株式会社、一九九九年
（23）前掲（22）、一六二頁

(24)鹿又親、「酒造法調査報告書」、前掲（22）、一五九頁
(25)「大倉恒吉手記」、前掲（22）、九〇頁
(26)金井春吉、小穴富司雄、有松嘉一、「糯米使用醪四段掛試験」、醸協、二七（三）、一八、一九三二年
(27)「伏見醸友会の歩み」、『伏見醸友会誌特集号』、二六、一九六七年
(28)前掲（27）、三二頁
(29)芝田喜三代、「関西の冷用酒の調査」、醸協、二九（一一）、六三、一九三四年
(30)『日本酒類醤油大鑑』、二八七、醸界新聞社、一九三六年
(31)「満州酒類製造許可申請書」、前掲（22）、二八六頁
(32)『伏見酒造組合誌』、二七三、伏見酒造組合、一九五五年
(33)前掲（32）
(34)「京都酒造業界の展望」、『京都市の産業』、一、京都市産業局商工課、一九五四年
(35)『全国酒類醸造家名鑑』、七四、醸界タイムス出版部、一九五六年
(36)八尋不二、『京の酒』、六七、駸々堂出版、一九七一年
(37)秋山十三子、『私の酒造り唄』、文化出版局、一九八七年

醸協＝日本醸造協会雑誌

索　　引

さ行

た行

な行

は行

ま行

や行

吉田　元（よしだ・はじめ）

1947年京都市生まれ。京都大学農学部卒業。農学博士（京都大学）。種智院大学教授を経て、現在同大学名誉教授。専門は発酵醸造学、日本科学技術史、食文化史。

著書に『日本の食と酒』（1991年、人文書院。2014年講談社より再刊）、『江戸の酒—その技術・経済・文化』（1997年、朝日新聞社）、『近代日本の酒づくり—美酒探究の技術史』（2013年、岩波書店）、『ものと人間の文化史172　酒』（2015年、法政大学出版局）、『童蒙酒造記・寒元造様極意伝』（翻刻・解題・現代語訳）（1996年、農文協）などがある。

京の酒学

平成二十八年一月三十一日　初版発行

著者　吉田　元

発行者　片岡　敦

印刷製本　尼崎印刷株式会社

606-8204　京都市左京区田中下柳町八番地

発行所　株式会社　臨川書店

電話（〇七五）七二一—七一一一

郵便振替　〇一〇七〇—二—八〇〇

落丁本・乱丁本はお取替えいたします

定価はカバーに表示してあります

ISBN 978-4-653-04228-0　C0321　© 吉田　元 2016